空间规划的合约分析丛书

丛书主编　李贵才　刘世定

空间生产的合约机制与产业用地到期治理

THE CONTRACT MECHANISM OF THE PRODUCTION OF SPACE AND THE GOVERNANCE OF EXPIRED INDUSTRIAL LAND

刘成明　著

社会科学文献出版社
SOCIAL SCIENCES ACADEMIC PRESS (CHINA)

“空间规划的合约分析丛书”总序

摆在读者面前的这套丛书，是北京大学深圳研究生院的一个跨学科研究团队多年持续探索的成果。

2004年9月，我们——本丛书的两个主编——在北京大学深圳研究生院相识。一个是从事人文地理学和城市（乡）规划教学、研究并承担一些规划实务工作的教师（李贵才），另一个是从事经济社会学教学和研究的教师（刘世定）。我们分属不同的院系，没有院系工作安排上的交集。不过，在北京大学深圳研究生院，教师之间和师生之间自由的交流氛围、比较密集的互动，包括在咖啡厅、餐厅的非正式互动，却屡屡催生一些跨越学科的有趣想法以及合作意向。

使我们产生学术上深度交流的初始原因之一，是我们都非常重视实地调查。在对有诸多居民工作、生活的城市和乡村社会进行实地调查的过程中，作为空间规划研究者和社会学研究者，我们发现相互之间有许多可以交流的内容。我们了解到居民对生活环境（包括景观）的理解，观察到空间格局对他们行为和互动方式的影响，观察到空间格局变化中政府、企业力量的介入和政府、企业与居民间的互动，观察到这些互动中的摩擦和协调，等等。在交流这些了解到/观察到的现象的同时，我们也交流如何分析这些现象、从各自学科的视角看待这些现象的意义。

来自这两个学科的研究者间的交流产生了某种——有时是潜在的、默识中的——冲击力。注重实然分析和理论建构的社会学研究者常常习惯性地追问：空间规划研究领域拥有何种有社会意涵的分析性理论工具？对于注重形成操作性方案的空间规划研究者来说，他们会习惯性地追问社会学研究者：你们对社会摩擦、冲突的描述和分析，能为建设一个更美好的社会提供怎样的潜在可行提示？

这种冲击力引起了双方各自的反思。参与交流的空间规划研究者意识到，迄今为止，空间规划学界中所谓的空间规划理论，虽然有一些具有实然性理论的特点，但更多的则是对应然性思想的论述。而借鉴其他学科的分析性理论、联系空间规划的实践，是可以也有必要推进空间规划的分析性基础理论发展的。参与交流的社会学研究者则意识到，要建构对社会建设更具提示性的理论，需要在社会互动和社会制度的关系方面进行多类型的、前提条件更明确的深入探讨。在中国当前的城市化及空间格局变化中，空间规划的实践提供了这方面研究的重要场域。

经过多年的交流、反思、探讨，我们二人逐渐明确、着手合作并引起一些研究生兴趣的研究主题之一是，从合约视角对空间规划特别是城市规划进行探讨。其间，李贵才约刘世定到北京大学深圳研究生院城市规划与设计学院讲授合约概念、合约理论的源流和现代合约分析的特点，和学生一起讨论如何将合约分析与空间规划结合起来。

虽然到目前为止，合约理论及合约分析方法主要是在空间规划之外的社会科学中发展的，但是从合约角度看待规划的思想，对空间规划学者来说，既不难理解，也不陌生。例如，芒福德在《城市发展史》中曾形象地描述："在城市合唱队中，规划师虽然可以高声独唱，但总不能取代全队其他合唱队员的角色，他们按照一个和谐的总乐谱，各自唱出自己的部分。"[①]在这个比喻中就蕴含着规划的合约思想。

空间规划作为对空间建设行动的规制，属于制度范畴。当规划被确定为法规时，其制度特性更得到明显的体现。例如，1989 年 12 月 26 日，第七届全国人民代表大会常务委员会第十一次会议通过的《中华人民共和国城市规划法》"总则"第十条规定"任何单位和个人都有遵守城市规划的义务，并有权对违反城市规划的行为进行检举和控告"；第二十九条规定"城市规划区内的土地利用和各项建设必须符合城市规划，服从规划管理"；第三十条规定"城市规划区内的建设工程的选址和布局必须符合城市规划"；

---

① 刘易斯·芒福德：《城市发展史》，宋俊岭、倪文彦译，中国建筑工业出版社，2005，第 369 页。

等等。在这里，城市规划的制度特性得到鲜明的体现。

对制度有不同的研究方法，合约分析方法是其中的一种。从合约角度看，制度是人们相互认可的互动规则。合约分析方法正是抓住行动者之间相互认可、同意这一特点进行互动和制度研究的。

从合约角度可以对空间规划概念做这样的界定：空间规划是规制人们进行空间设施（包括商场、住宅、工厂、道路、上下水道、管线、绿地、公园等）建设、改造的社会合约。这意味着在我们的研究视角中，空间规划既具有空间物质性，也具有社会性。

在我们看来，合约理论可以发展为空间规划的一个基础理论，合约可以发展出空间规划分析的一个工具箱。利用这个工具箱中的一些具体分析工具，如合约的完整性和不完整性、合约的完全性和不完全性、多阶段均衡、规划方式与社会互动特征的差别性匹配等，不仅可以对空间规划的性质和形态进行分析，而且可以针对空间规划的社会性优化给出建设性提示。

从本丛书各部著作的研究中，读者可以看到对合约理论工具箱内的多种具体分析工具的运用。在这里，我们想提请注意的是合约的不完整性和不完全性概念。所谓完整合约，是指缔约各方对他们之间的互动方式形成了一致认可的状态；而不完整合约则意味着人们尚未对规则达成一致认可，互动中的摩擦和冲突尚未得到暂时的解决。所谓完全合约，是指缔约各方对于未来可能产生的复杂条件能够形成周延认知，并规定了各种条件下的行为准则的合约；而不完全合约是指未来的不确定性、缔约各方掌握的信息的有限性，导致合约中尚不能对未来可能出现的一些问题做出事先的规则界定。合约的不完全性，在交易成本经济学中已经有相当多的研究，而合约的不完整性，则是我们在规划考察中形成的概念并在前几年的一篇合作论文中得到初步的表述。[①]

在中国的空间规划实践中，根据国家关于城乡建设的相关法律规定，法定城市（乡）规划包括城市（乡）总体规划和详细规划，其中对国有土地使用权出让、建设用地功能、开发强度最有约束力的是详细规划中的控制性规划（深圳称为“法定图则”），因而政府、企业及其他利益相关者对

---

① 刘世定、李贵才：《城市规划中的合约分析方法》，《北京工业大学学报》（社会科学版）2019 年第 2 期。

控制性规划的编制、实施、监督的博弈最为关注。在控制性规划实施过程中的调整及摩擦特别能体现出城市（乡）规划作为一类合约所具有的不完整性和不完全性。

在此有必要指出，空间规划的合约分析方法不同于在社会哲学中有着深远影响的合约主义。社会哲学中的合约主义是一种制度建构主张，持这种主张的人认为，按合约主义原则建构的制度是理想的，否则便是不好的。我们注意到，有一些空间规划工作者和研究者是秉持合约主义原则的。我们在这里要强调的是，合约主义是一种价值评判标准，它不是分析现实并有待检验的科学理论，也不是从事科学分析的方法。而我们试图发展的是运用合约分析方法的空间规划科学。当然，如果合约主义者从我们的分析中得到某种提示，并推动空间规划的社会性优化，我们会审慎地关注。

2019 年，《中共中央、国务院关于建立国土空间规划体系并监督实施的若干意见》（中发〔2019〕18 号）把在我国长期施行的城乡规划和土地利用规划统一为国土空间规划，建立了国土空间规划的“五级三类”体系：“五级”是从纵向看，对应我国的行政管理体系，分五个层级，就是国家级、省级、市级、县级、乡镇级；“三类”是指规划的类型，分为总体规划、详细规划、相关的专项规划。本丛书在定名（“空间规划的合约分析丛书”）时，除了延续学术上对空间规划概念的传统外，也注意到规划实践中对这一用语的使用。

“空间规划的合约分析丛书”的出版，可以说是上述探讨过程中的一个节点。收入丛书中的 8 部著作，除了我们二人合著的理论导论性的著作外，其余 7 部都是青年学子将社会学、地理学及城市（乡）规划相结合的学术尝试成果。应该承认，这里的探讨从理论建构到经验分析都存在诸多不足。各部著作虽然都指向空间规划的合约分析，但不仅研究侧重点不同、具体分析工具不尽相同，甚至对一些关键概念的把握也可能存在差异。这正是探索性研究的特征。

要针对空间规划开展合约研究，一套丛书只是“沧海一粟”。空间规划层面仍有大量的现象、内容与问题亟待探讨。在我国城镇化进程中，制定和实施高质量空间规划是一项重要工作，推出这套丛书，是希望能起到“抛砖引玉”的作用。

就学科属性而言，这套丛书是社会学的还是空间规划学的，读者可以自行判断。就我们二人而言，我们希望它受到被学科分类规制定位从而分属不同学科的研究者们的关注。

同时，我们也希望本丛书能受到关心法治建设者的关注。在我们的研究中，合约的概念是在比法律合约更宽泛的社会意义上使用的。也就是说，合约不仅是法律合约，而且包括当事人依据惯例、习俗等社会规范达成的承诺。不论是法律意义上的合约，还是社会意义上的合约，都有一个共同点，即行动者之间对他们的互动方式的相互认可、同意。空间规划的合约分析方法正是抓住行动者之间相互认可、同意这一特点，来对空间规划的制定、实施等过程进行分析。这种分析，对于把空间规划纳入法治轨道、理解作为法治基础的合约精神，将有一定的帮助。

这套丛书是北京大学未来城市实验室（深圳）、北京大学中国社会与发展研究中心（教育部人文社会科学重点研究基地）和北京大学深圳研究生院超大城市空间治理政策模拟社会实验中心（深圳市人文社会科学重点研究基地）合作完成的成果。在此，对除我们之外的各位作者富有才华的研究表示敬意，对协助我们完成丛书编纂组织和联络工作的同事表示谢意，也对社会科学文献出版社的编辑同人表示感谢。

李贵才　刘世定

2023 年 7 月

序

本书是刘成明对攻读博士学位期间研究成果的一个总结。

新时代，我国经济已由高速增长阶段进入高质量发展阶段，城市治理必须更加精准地把握城市发展的客观规律。制度是驱动城市空间演化的重要因素，在公有制不变的前提下，实行两权分离和有偿使用，是我国土地产权和使用制度的重大创举，支撑了40多年的高速发展。然而，在制度设计之初，对于国有土地使用权到期后如何处置一直未能界定清晰。国有土地使用权到期后续期的条件、续期的年限、续期费用的征缴、续期的程序和到期收回等诸多问题至今仍未得到解决。各方面的研究，要么囿于法理逻辑难以突破，要么陷入实践中的可操作性导向难以兼顾全局。如何妥善解决国有土地使用权到期问题，已成为全国面临的重大问题。

产权制度的设计和演变，在某种程度上决定着国家的兴与衰、城市的生与死。在大破大立的关键节点政府可以主导产权规则的制定，改革开放之初，在保障土地公有的前提下，政府既能充分放权、激发市场活力，也能有效回收土地收益获得发展资金。然而，制度的演化有其自身规律，经过40多年的市场化运作后，政府还能否完全决定土地产权规则的设计？国有土地使用权到期作为一个关键节点，续期制度该如何设计？有偿使用制度该走向何方？要回答这些问题，必须了解土地产权关系的客观情况和土地产权演化的客观规律。

产权的相对性导致对其的界定是一个动态的过程。虽然法律规定了土地产权的基本架构，但实践中仍然存在大量的约定权利和非正式产权规则，三者共同构成土地产权关系的整体。其中，合约约定权利更多地体现了各级政府的意志，非正式的产权规则受文化环境、心理认知、经济发展等多种因素的影响。此外，空间及空间实践活动的复杂性、不确定性等特征，使得土地产权关系的演化与其他产权关系大为不同。因此，对于客观的产权关系的研究，不能囿于法理的逻辑，必须从产权、合约、空间等视角予以审慎研究。

本书研究的视角和框架充分体现了多学科交叉融合的特点。虽然理论界对于合约的研究主要集中在新制度经济学领域，缺乏对空间特征的分析，但地理学社会空间思想的发展使合约理论与空间特征融合成为可能。产权理论、合约理论及心理所有权理论三者共同构成了以产权为核心线索、以合约为框架、以合约分析和认知分析为主要工具的理论体系与研究进路，将三者整合至“社会－空间”辩证统一逻辑下，便可从空间角度探索建立解决产业用地到期治理问题的理论框架，进而可以从社会空间生产过程中考察空间生产的合约机制及制度自身的构建机制。

本书在对空间产权关系演化的分析中，抽象出以“合约－行为－认知”为主线的互动关系，并基于对空间特征的分析，将一致性、生产效率、交易费用等作为判断合约效率的标准。一方面，从新的角度重新解释了空间生产的微观机制，并提供了明确、可操作的效率标准，使得空间生产机制的研究可以应用于社会空间生产实践，提高生产效率；另一方面，通过对空间特征的分析，得出空间生产合约不能有合约约定是长期社会最优的假设、交易费用不能作为合约效率考察的唯一标准，以及超长周期的空间合约机制可能内生新的产权规则，进而出现新的参照点。这些发现无疑都是对空间生产理论和合约理论的重要补充与完善。

本书的实证研究对于进一步认识土地产权关系的演变规律以及解决国有土地使用权到期续期问题有重要意义。同时，本书的研究引出了一个发展悖论：空间合约具有内部张力，彻底的市场化可能会动摇基本产权制度。实践中不乏这方面的讨论，作者尝试从理论的角度分析其可能发生的逻辑。如何破解批租制产权关系中的内在张力问题、避免基本产权制度的动摇，是理论和实践层面都应重视的重大问题。

本书最大的特点体现在“源于实践—管窥实践—回归实践”的成书逻辑上。作者现在是一名地方土地政策研究人员，他亲身经历了深圳市近十年的土地管理制度改革创新，深度参与了国有土地使用权到期续期等若干政策的制定过程，深入观察了很多影响深远的重大问题。在充分的实践基础上，他尝试跳出基层以可操作性为主要导向的政策制定逻辑，从不同的视角管窥土地产权制度的变迁，以便更好地回归土地政策实践。希望本书能为两权分离下土地产权制度的变迁提供一些新知，为妥善解决国有土地使用权到期续期问题提供一些新的思路，这也是他的初心。故以此为序。

李贵才

2023 年 7 月

目 录

第 1 章

绪论

1.1 研究背景

1.1.1 实践背景

土地是人类赖以生存与发展的重要资源和物质保障（刘彦随、陈百明，2002），土地制度对经济社会发展意义重大（刘守英，2017），影响着国家的兴衰、社会的稳定和人民的安乐。近代以来，为实现中华民族的伟大复兴，中华大地的土地制度经历了重大变革，并在中国共产党带领下逐步建立了以公有制为主体的土地所有制（杨世梅，2006；黄琨，2006；杨天波、江国华，2011；Long，2014），确保我国社会主义基本性质和人民群众根本利益。在社会主义公有制的基本制度下，在探索社会主义经济体制的计划经济时期，我国探索建立了以行政划拨为主的土地使用制度（傅强，1997），并完成了该阶段的建设任务。然而，“贫穷不是社会主义”，改革开放以来，为建设社会主义市场经济、实现要素的市场化配置，我国对土地产权制度和使用制度进行了全方位重构，在社会主义公有制不变的前提下，实现了所有权和使用权的分离，建立了以用途管制、有偿使用等为主的土地管理制度体系；有偿、有期限、有流转的土地产权制度和使用制度成为支撑经济社会发展的根本（齐援军，2004），是在确保我国社会主义公有制前提下适应市场经济发展需求的关键举措，是改革开放以来我国土地制度建设取得的最大成就之一。这种制度设计有效回收了土地收益，使政府通过控制土地非农化过程获得了发展所需的各项资金，在我国快速城市化进程中扮演了重要的助推器角色（张晓玲等，2011）。在其支撑下中国实现了40多年的高速发展，经济、社会、民生各方面屡创奇迹（赵燕菁，2013，2014；Tao et al.，2010；刘守英，2018；Xu，2019），也对城市空间产生了重大影响（Liu et al.，2015，2018）。

新时代，经济社会发展条件已发生深刻变化，土地出让制度面临两方面的挑战。①早期出让的土地已陆续到期，而如何处置到期土地已成为重大难题。早在21世纪初，深圳等地就已陆续出现国有土地使用权到期情况（罗演广，2002），近年来很多城市陆续出现早期出让未达到国家法定最高年期建设用地使用权到期的情况（徐先友，2009；庄嘉，2016）；在全国层面，大量存量土地使用权集中到期的趋势也日趋明显。然而，我国建设用地使用权续期制度尚未完善，年期届满后必然面临是否予以续期、是否有偿、如何收费、如何完善手续等一系列问题（沈开举、方涧，2016；王利明，2017）。制度的缺失导致规则的不确定性，而土地产权制度的不确定性，势必会引起空间治理的混乱（张静，2003）。到期后土地收益分配、权利归属等问题悬而未决，造成了社会恐慌和房地产市场不稳，引起了党中央、国务院和全社会的高度关注。[①] ②随着经济和城市化的迅速发展，城市土地问题和矛盾日益突出（董黎明、袁利平，2000），提高土地利用效率也是当前阶段必须面临的重大问题；特别是经济社会步入高质量发展的关键阶段，必须进一步探索研究以土地有偿使用为核心的治理体系，努力提高土地利用效率。

虽然学者们已就国有土地使用权到期等问题开展了大量研究，但仍存在以下问题。①国有土地使用权到期问题复杂度很高，需要土地管理学、法学、地理学、经济学等不同学科从空间、产权、合约等不用视角进行全方位研究，且权利预期等认知因素对到期问题的解决有重要影响。但目前对于国有土地使用权到期的研究主要集中在法学领域，把它当成物权问题来解决；研究视角单一导致无法洞悉问题全貌，无法形成多学科研究结论的互补。②现实中国有土地使用权到期问题也是出让合约到期问题，而现

---

① 参见 https://www.gov.cn/zhuanti/2017-03/15/content_5177607.htm，最后访问日期：2023年6月13日。

有研究对出让合约的分析较少。在我国空间治理体系中，微观层面的合约机制是资源配置、权利配置、土地管理的重要一环。然而目前对于出让合约类型、性质和机制及其对空间的影响的经济分析更是凤毛麟角。由于合约关系构成了最基本的权利关系，而权利关系是一切空间活动的依据，所以这种忽视对于提高空间效率和解决到期问题而言是致命的。

鉴于前述原因，有必要对土地产权和土地出让合约的机制进行剖析，并从合约角度回答如何提高土地利用效率、如何解决到期问题。

1.1.2 学科背景

地理学是关于空间的科学（刘凯等，2017），提高空间利用效率一直是地理学研究的热点。在思想理论和研究方法方面，随着地理学经历“区域差异—空间分析—社会理论”三次变革，空间思想不断演进（石崧、宁越敏，2005），对空间的认知不断深化。从科学空间到人性空间、从物质空间到制度空间（姚华松等，2010），空间的内涵不断丰富，其多义性、实践性、社会性得到高度关注，研究的思想、理论和技术方法也不断扩展。

20世纪60年代，资本主义社会社会问题频发，且在主要资本主义国家制造业衰退过程中社会和空间的改变紧密交织，引发学者们对城市化、空间－社会关系、空间－资本关系等问题的关注和新一轮的空间认知，并最终产生了新的理论突破（石崧、宁越敏，2005；魏开、许学强，2009）。学界开始对计量革命进行反思，空间的非物质层面受到越来越多的关注，并引发了理论和思想的转型。20世纪70年代起，列斐伏尔等马克思主义者深挖马克思著作隐含的空间思想，逐步构建了以实践为基础的社会空间理论（王晓磊，2010），列斐伏尔的空间生产理论及哈维、福柯等人的社会空间理论筑起了理论基石。总体而言，马克思主义者将社会空间看作人类实践的产物，其构成较为全面，包含个人的感知空间、社会空间关系、个人的社会位置等诸多组成部分。20世纪末期，地理学逐步发生文化、制度和行为转向（Gilbert，1988；Amin，1999；何金廖，2018），研究人类活动的方法逐渐从宏观转向微观，个体行为研究逐渐成为热点（柴彦威等，2002；柴彦威、塔娜，2011）。具体实践中，围绕空间这一核心概念和人地关系这一地理学本体（吴传钧，1991），地理学家们充分发挥地理学综合性特征，综合应用经济学、社会学、心理学等学科的新思想、新理论、新方法来探索人地关系，并产生了文化地理学、行为地理学、政治地理学、经济地理学、心理地理学等诸多分支学科，使得地理学研究更加丰富多彩，各种各样行为的空间特征研究成为可能。

在国内，随着改革开放以来社会主义建设取得巨大成就，学者们对社会问题和制度的研究也日益重视。在地理学领域，随着城镇化的不断推进，新的矛盾和问题不断显现，实践推动下理论界在赵燕菁（2005a）、邹兵（2013）等一批学者的带领下逐步建立起以交易成本为核心的存量规划理论体系，制度变迁与空间演变之间的相互关系（胡军、孙莉，2005；张京祥等，2008，2013；王勇、李广斌，2011；沈荣华、王扩建，2011；陈华，2012；刘成明等，2019）、城市的制度模型（赵燕菁，2009；焦永利、叶裕民，2015）、空间规划的产权规则本质（彭雪辉，2015）等课题成为理论界研究的热点。学者们也不断将新制度经济学的前沿理论引入空间研究中，合约理论、制度演化理论等都被用于探索空间演化的制度要素。几乎同一时期，随着市场经济的逐步完善和消费行为的逐步自由化，行为地理学的引入和探索推动了国内空间和行为问题的研究，学者们从微观角度探讨人类行为对地理空间的影响和人类行为的空间特征，迁居与通勤、消费行为、认知地图、城市意象、空间行为与行为空间等主题和内容都得到了探索（方创琳等，2011）。

虽然社会空间思想及地理学研究的文化、制度和行为转向增强了地理学处理社会问题的能力，但现有理论依然难以处理复杂的产权问题和认知问题。目前，新马克思主义社会空间理论和新制度经济学理论的空间应用两条主线相对独立：社会空间理论有明确的空间思想，是宏观中观层面的分析，但缺乏微观分析工具；而新制度经济学理论是经济学理论，并没有明确的空间思想，且是微观理论。但是，社会空间理论和新制度经济学理论在理念、理论和技术方法等层面有融合的可能性，且这种融合可以提高地理学处理社会问题的能力，尤其是处理产权和合约等问题的能力。

在前述背景下，有必要探索融合社会空间理论和制度经济学合约等相关理论的新方法，来进一步提高地理学处理社会问题尤其是产权问题的能力，进而从空间和合约的视角，回答实践中国有土地使用权到期处置及提高土地效率等问题。

1.2 研究对象及术语界定

1.2.1 研究对象选择

本书以工业等类型产业用地为主要研究对象，主要有以下几方面原因。

第一，产业用地低效利用现象更为突出。改革开放以来，在增量扩张大背景下，我国产业用地普遍存在用地规模庞大、集约节约度和用地效益较低的问题（曹飞，2017；陈基伟，2017；罗遥、吴群，2018；瞿忠琼等，2018），导致空间利用整体水平偏低，且严重压缩了住宅、民生相关事业空间资源供给。

第二，产业用地的到期治理问题更加迫切。我国住宅用地出让年期长达70年，其达到法定最高年期要接近21世纪50年代。而实践中产业用地的出让周期相对较为灵活且远远短于住宅用地，已经面临大量产业用地到期问题。

第三，相较于住宅用地，产业用地到期治理更需非政治逻辑下的分析和研究。住宅用地到期问题事实上已经演变为一个政治性议题，而产业用地并未承载过多的政治功能，因此对其多视角的探索分析更有必要。

1.2.2 合约类型判断

（1）出让合约的生产性质

现实中的合约是多种多样的，常见的有产品销售合约、出租合约、雇佣合约、贷款合约等。虽然这些合约都具有合约的普遍特征，但在合约效率及交易费用衡量方面，不同的合约具有不同的标准。销售合约一般是对资产永久性地转移，一经签订反映的是一种静态的产权关系，签约前、签约中、签约后产生的交易费用几乎构成了其交易费用的整体；出租合约、雇佣合约，资产并没有发生完全彻底的转移，大部分情况下是资产的部分权利发生转移，合约方之间存在长期的合作关系，在这种合约关系中，就可能因为信息产生各种问题（Furubotn and Richter，2010）。

虽然产业用地土地使用权出让合约也是固定权利的转移，但其本质上更加贴近于生产性合约，是由政府和企业双方合作，共同生产空间的合约。一方面，从社会空间机理来看，合约构成了完整的空间权利关系，既是社会空间的构成方面，也是约束社会空间实践主体的行为规范，而社会空间的演变就是空间生产的过程。从这个意义上来看，空间合约就是生产性合约，是一切空间生产的参照点。另一方面，从对出让合约的实际使用来看（廖永林等，2008a，2008b），产业用地出让后，政府是有很强的生产预期的（主要体现在通过土地吸引投资、通过地价优化促进产业发展进而获取发展收入等多方面），在这个合约中，政府提供特定的空间资源，企业提供资金和技术，共同生产空间本身。在此过程中，由于空间和人类行为的复杂性，合约具有社会性、实践性、动态性和发展性。在此过程中，空间的演进具有差异化的周期特征，人的行为也是影响空间生产的关键变量。这种空间合约的生产性质及特征，共同构成了本书后续研究的基础。

（2）合约的基本模式

政府和企业是最主要的实践主体，合约关系构成了最直接的生产关系。从空间生产的角度，完整的生产合约应该包含对空间生产、空间再生产及分配等方面的系统约束，为了解决空间生产和分配中可能存在的争议问题，还会有配套的治理结构。权利的配置和收益分配方案既约定了合约双方的责任义务，也形成了对双方行为的约束和激励。

假设完全竞争性市场条件，实践主体完全理性且为普通市场主体、信息完全对称，合约可以约定空间生产的方方面面，且与空间生产规律完全相符或相容；对于合约到期后的各种情况也有明确约定，且双方不会有投机行为或投机行为可以得到有效治理。在这种完美情形下，无论是空间生产还是到期续期或收回都不会存在任何问题：双方按约定，重新根据生产需要进行完美约定。此时，生产合约可以完美支撑空间生产，空间生产的效率也是最高的。

然而，现实中的生产合约与完全合约相去甚远。市场并非完全竞争市场、信息并不完全对称、实践主体并非简单的市场主体且并不完全理性；社会空间的组成要素极其多样、生产过程极其复杂且充满不确定性，签约前双方无法清楚了解空间生产的可能变化，合约也就无法完美约定空间生产和再生产过程；此外，时间间隔是发生合约问题的关键要素（Furubotn and Richter，2010），而社会空间内部各要素有不同的发展周期，时间决定社会空间要素分异度及协调度，也会影响认知的变化，这更增加了签约难度和合约复杂性。

合约机制是空间生产微观层面基本的制度结构，合约效率影响着空间生产效率，合约机制既支撑着空间生产，也会对空间生产产生各种不利影响。因此，研究空间生产的合约机制并设计切合空间生产实践的合约是提高治理效率的关键。

1.2.3　研究术语界定

本书在社会空间思想下构建基于合约理论的分析框架，坚持社会实践生产社会空间的基本理念，将相关理论整合至“社会－空间”辩证统一逻辑中，探索空间生产的合约机制。因此，本书在“空间生产”一词的使用上，与列斐伏尔（2003）的界定既有相同点，也有区别。①在空间观念及基本认知方面，与列斐伏尔是一致的。本书研究坚持马克思主义及新马克思主义空间研究的传统，将空间置于社会实践中考察，坚持“社会实践生产社会空间”理念，以社会空间作为本书研究的空间对象。在这种空间观念下，认可空间的多义性、多维性，基于哈维的辩证空间矩阵构建辩证式的认知地图，并在实践中予以分析。空间生产的本质在于强调其社会性、实践性。本书基于合约机制的空间生产，也强调空间的社会性、实践性，空间本身不是容器，而是生产对象。②在生产机制和分析方法方面，与列斐伏尔（2003）不同。本书研究关注微观层面的生产机制，在辩证的认知图式（Harvey and Jowsey，2004）指引下，应用合约结构等对社会空间进行表达和透视，探讨空间生产微观层面的合约机制。

在本书后续分析中（不含对已有空间生产理论的综述），空间生产更多是观念意义上的表述，术语中并未蕴含生产机制本身，更多的是在社会空间观念下，表达空间并非社会活动的容器，而是社会实践生产的对象。

1.3　研究问题与意义

1.3.1　研究问题

出让合约影响土地利用效率，也影响已出让国有土地的使用权到期处置。因此，本书基于出让合约生产性质的基本判断，以解决实践中的到期处置和空间生产效率等问题为目标，分析研究空间生产的合约机制，并从合约角度提出国有土地使用权到期续期（签订新的空间生产合约）及到期处置（终止合约并收回土地）等的策略建议。本书的主要研究问题包括：①产业用地空间生产的合约机制是怎样的？有何特征？②如何优化现有空间生产合约来提高空间生产效率？③根据合约机制，产业用地到期如何续期？如何处置到期土地？

1.3.2 研究意义

（1）理论意义

本书构建的空间生产合约机制，对于空间生产理论和新制度经济学合约理论都具有一定的丰富和拓展意义。

第一，丰富地理学空间研究方法（见表1.1）。将新制度经济学合约等相关理论引入地理学“社会－空间”关系研究，探索空间生产的合约机制。相较于空间生产理论，其有三方面的特点：一是解释了空间生产的微观机制；二是可以在经济学中找到坚实的理论基础；三是提供了明确、可操作的效率标准，使得空间生产机制的研究可以应用于社会空间生产实践，提高生产效率。

表1.1 空间生产机制对比

比较维度	空间生产理论	空间生产的合约机制
理论基础	资本循环	合约理论、认知理论
理论主线	空间生产中心	空间生产中心论（微观）
主要方法	辩证、整体方法	新古典主义、个体主义
动力机制	资本循环	成本－收益、认知决策
效率标准	—	生产效率、交易费用、一致性
分析尺度	宏观/中观	微观

第二，丰富和完善新制度经济学合约理论（见表1.2）。与普通的合约相比，空间生产合约并非以交易为中心，而是以微观层面的空间生产活动为中心，这种转变使得空间生产合约可以丰富和完善新制度经济学合约理

论：一方面，空间生产活动不确定性很高，空间生产合约不能有合约约定是长期社会最优的假设，因此交易费用不能作为合约效率考察的唯一标准，生产效率和一致性是更好的准则；另一方面，在空间特征及超长合约周期下，会产生新的权利认知，并取代合约原始约定成为行为参照点，这是对哈特第二代不完全合约理论（即合约约定是参照点，权利人根据合约判断得失进而行动）（聂辉华，2017）的进一步补充和完善。

表 1.2 合约机制对比

比较维度	普通合约	空间生产合约
理论主线	交易中心论	空间生产中心论（微观）
主要方法	新古典主义、个体主义	新古典主义、个体主义
动力机制	成本－收益	成本－收益、认知决策
参照点	合约约定	合约约定或权利认知
效率标准	交易费用	生产效率、交易费用、一致性
分析尺度	微观	微观

（2）实践意义

①响应新时代党中央、国务院提出的重大要求。2016 年 11 月 27 日，《中共中央 国务院关于完善产权保护制度依法保护产权的意见》明确要求“研究住宅建设用地等土地使用权到期后续期的法律安排，推动形成全社会对公民财产长久受保护的良好和稳定预期”。②关注社会热点，解决重大难题。国有土地使用权续期问题已引起全社会广泛关注，且研究难以形成定论。在此背景下，研究空间生产的合约机制，进而回答国有土地使用权到期等问题，有利于破解重大难题，回应社会关切。

1.4 研究思路

1.4.1 章节安排

为回答前述问题，本书分四部分开展研究和论述：第一部分（第 1、2、3 章）为绪论、相关研究进展和研究框架及研究区概况；第二部分（第 4、

5、6章）基于研究框架，开展实证研究，分析空间生产的合约结构，优化完善合约要素与结构，研究基于认知分析的剩余分配问题；第三部分（第7章）提出治理策略及政策建议；第四部分（第8章）是结论及展望。

第1章是绪论，介绍研究背景、研究对象、研究问题、研究意义和研究思路。

第2章是相关研究进展。综述相关领域研究进展，分析社会空间思想及理论研究进展，从概念辨析、思路提炼等方面总结产权理论、合约理论，为后续分析提供理论线索和分析方法，并分析多学科交叉研究的切入点。

第3章是研究框架及研究区概况。从社会空间概念中寻找理论构建的线索，分析社会空间生产合约中的基本作用机制，构建本书理论框架，从空间生产合约机制与到期处置等空间实践的关系出发，设计本书的实证研究，并介绍研究区概况。

第4章是空间生产合约分析。以深圳历史上的出让合同为对象，应用不完全合约理论，分析土地出让合约的要素及结构，分析合约特征及合约下的空间生产及治理特征。

第5章是空间生产合约的优化与设计。分析空间生产过程中的合约问题并提出优化策略，分析空间再生产面临的问题及其时机的选择，并提出合约期限选择和合约完善的建议，分析支付特征并提出支付方式的确定策略。

第6章研究合约剩余分配与认知博弈。剖析合约剩余分配问题，分析不同主体的权利认知及其形成机制，进而研究到期剩余分配的规律和特征。

第7章分析治理需求、提炼治理目标，根据实证研究发现的客观规律，构建治理机制和策略，最后提出具体的政策建议。

第8章是结论及展望。归纳本书主要结论、创新点和存在的不足，并展望未来的研究方向。

1.4.2 研究路线

本书研究路线如图1.1所示。本书研究路线与法学界对国有土地使用权到期问题的研究路线可形成多视角互补（见图1.2）。

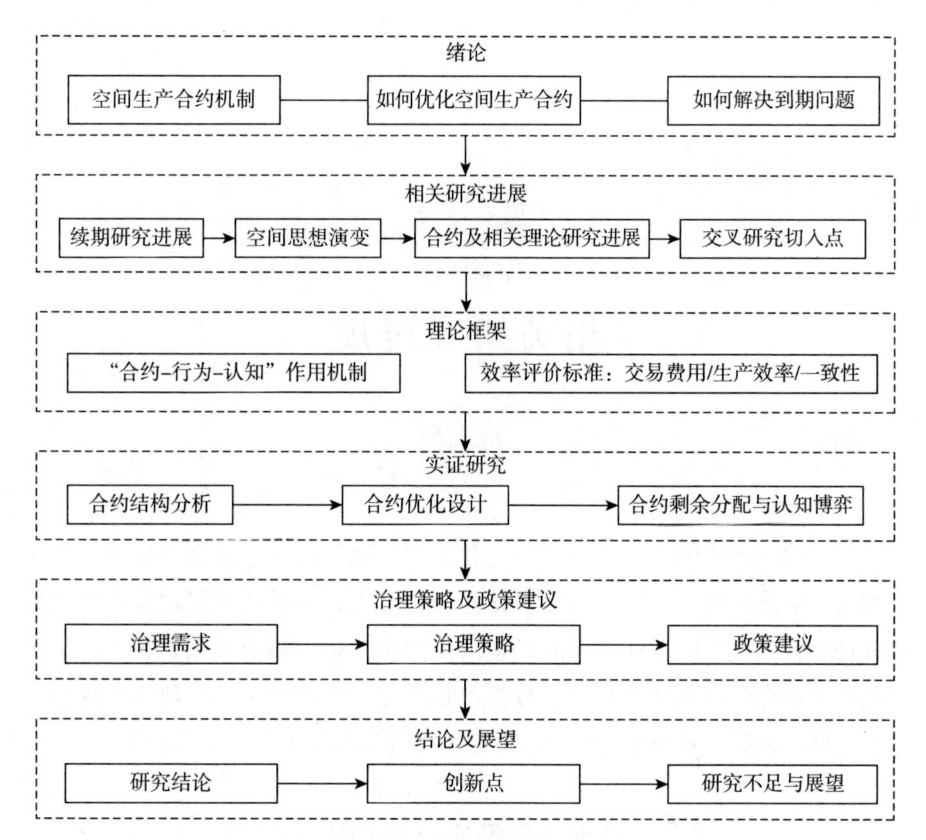

图 1.1 研究路线

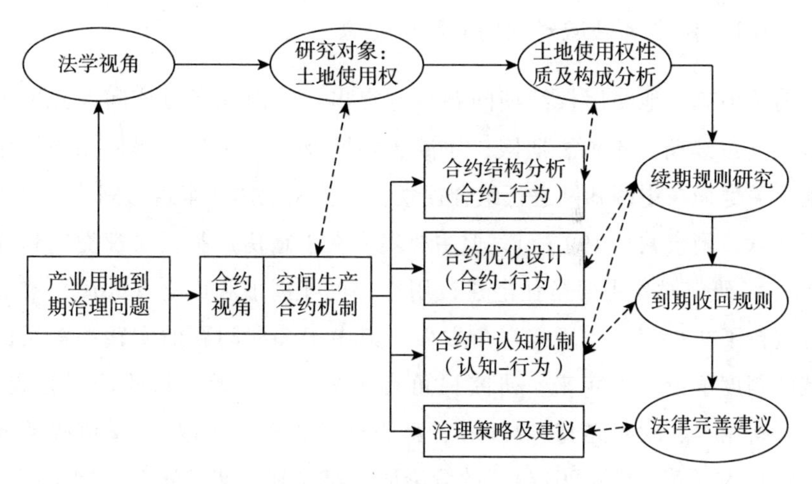

图 1.2 本书研究与法学研究路线的互补关系

第 2 章

相关研究进展

本章梳理评述国内外相关文献，分析现有理论的发展脉络和线索，为研究切入点的选择和后续研究奠定理论基础。首先，分析到期问题及出让合约研究进展；其次，梳理社会空间思想及空间生产理论研究进展；再次，从产权的概念及合约分析视角出发，分析产权理论、合约理论、心理所有权理论研究进展；最后，对研究进展进行评述并提出多学科交叉研究切入点。

2.1 到期问题及出让合约研究进展

2.1.1 法学等领域对到期问题的探索

随着国有土地使用权续期问题日益突出，国内学者对该问题开展了大量研究（以续期、年期、期限、届满、到期及建设用地、居住用地、住宅用地等关键词在中国知网进行组合搜索，相关文献200余篇，剔除部分质量极低文献，剩余共计199篇），但主要集中在土地房产类及法学类期刊（见图2.1）。研究对象主要是住宅建设用地，仅叶剑平和成立（2016）对商业用地进行了初步探索。研究视角方面，集中于续期问题的实践探索及民法领域的制度争论。近年来，研究视角有所扩展，学者们从政治（孙良国，2016；靳相木、欧阳亦梵，2016）、宪法（洪丹娜，2017）、增值收益分配和财政收入（黄文浩，2017）、政策论证（李文钊，2017）等不同角度进行分析（见表2.1）。国外对于中国土地使用权到期问题的研究极少，仅有少

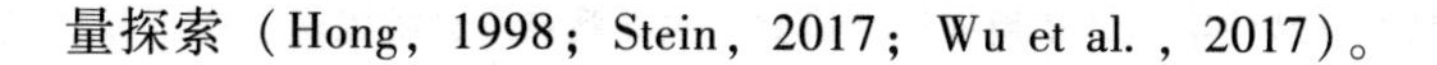
量探索（Hong，1998；Stein，2017；Wu et al.，2017）。

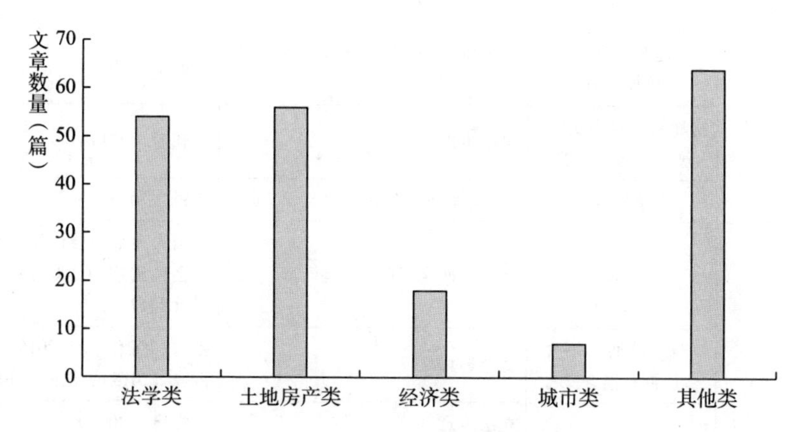

图 2.1 国内研究文章类型分布

表 2.1 到期治理的研究视角及方法

比较维度	法学	财政学	公共政策学	新制度经济学
研究视角	公平正义	财政可持续	政策论证逻辑	经济效率
研究方法	法理、文义、体系、比较	定量分析	定性分析	定性分析、计量
文献数量	200 余篇	1 篇	1 篇	10 篇以内

（1）法学界研究

民法界的基本认知是国有土地使用权续期问题是法的不完善（叶剑平、成立，2016）和房屋所有权与建设用地使用权的冲突（苟正金，2015；浩然，2016；王利明，2017）。研究主要是在土地公有制、国有土地有偿使用制度框架下，从实践需求和法理逻辑出发，基于对我国土地公有制、用益物权的基本性质及建设用地使用权的特性分析，综合应用立法初衷、文意逻辑、体系逻辑、比较逻辑、历史逻辑的分析来阐述及完善自动续期制度，包括适用范围、是否有偿、续期年限、缴费标准等诸多问题。虽然现有研究集中在法学领域，但总体上是以制度建设为目标，以法学分析为主要方法，以是否有偿、是否有条件、续期年限为核心问题，开展建设用地使用权续期涉及的各种经济社会关系分析。从民法领域的争论明显可以看出，对这些问题的法理分析难以达成共识，对到期后的权利归属、是否有偿、收费标准及方式等诸多问题，权威专家的观点和认识都存在很大差异（见表 2.2）。

表 2.2　民法领域住宅用地使用权续期研究：主要观点及分析逻辑

要素	观点	分析方法及逻辑	文献
权利归属	建筑尚存为续期条件	激励维护建筑；与日本借地权比较	宋炳华（2011）
	房屋灭失且不更新、被征收等不续期	房屋可以重建	王利明（2017）
	无条件续期	“自动续期”的应有之义	刘锐（2016）
是否有偿	立法留白	立法者回避了收费问题	全国人大常委会法制工作委员会民法室（2007）；王利明（2017）
	“自动续期”不含是否有偿含义	文意解释	张力、庞伟伟（2016）；胡世锋（2015）；浩然（2016）
	无偿续期	立法本意	孙宪忠（2016）
		体系解释：地利均享理念；民族特色法律	马天柱（2008）；孙宪忠（2016）
		比较法：与宅基地比较	马天柱（2008）
		现实逻辑：土地价格高，再收不合理	孙宪忠（2016）
	有偿续期	比较法：与国外地上权比较	宋炳华（2011）
		体系解释：基于有偿使用、用益物权内涵	宋炳华（2011）；牛立夫（2012）；袁志锋（2013）；胡世锋（2015）；叶剑平、成立（2016）
		现实逻辑：无偿续期影响市场经济公平和土地利用效率，加剧投机和房地产市场不稳定，不利于基础设施投资和环境改善	胡世锋（2015）；侯纲（2013）；袁志锋（2013）；王利明（2017）
	差别化续期	考虑国情、土地属性、权利人状况等	牛立夫（2012）；石冠彬（2017）
收费标准及方式	不宜过高且不应按出让金标准缴纳	续期不是出让行为；贯彻《物权法》精神；保障居住权、稳定预期；减轻权利人负担	马天柱（2008）；宋炳华（2011）；王利明（2017）
	综合考虑多因素	综合考虑住房目的、人均居住面积、住房套数、家庭规模等多种因素	张力、庞伟伟（2016）；王利明（2017）
	参考香港及国内其他相关政策	经验借鉴	叶剑平、成立（2016）

续表

要素	观点	分析方法及逻辑	文献
收费标准及方式	按年缴纳更科学	小业主支付能力有限；降低收取成本；参考香港	李政辉（2004）；胡世锋（2015）；孙良国（2016）；叶剑平、成立（2016）
	处理好与房产税关系	不能同时征收	叶剑平、成立（2016）；浩然（2016）
续期年限	永久性使用权	“自动续期”的文义逻辑、立法本意	杨立新（2016）
	有期限续期	体系解释：永久使用权会与所有权发生冲突 文意解释：自动续期本质在于无须申请 法理解释：所有权的弹力性	高圣平（2012）；王利明（2017）
	合同约定及权利人议定	民法原则：突出民事主体意思自治	袁志锋（2013）；高圣平（2012）；楼建波（2015）
	建筑物寿命为准	符合实际，符合法理	苟正金（2015）；叶剑平、成立（2016）；石冠彬（2017）
	固定期限50年或70年	“自动续期”解释；预期及经济社会关系稳定；降低执行成本	宋炳华（2011）；王利明（2017）

《物权法》是事关公民财产权的基本法律，其所规定的基本民事制度属于立法保留重要事项，当某一规定因立法空白而出现歧义时，宪法可以提供高级法规范的指引，对于建设用地使用权续期制度可以从财产权、住房权及平等权等宪法权利的视角寻求可能的论证路径（洪丹娜，2017）。孙良国（2016）也认为不能仅仅以相关司法理论作为解决自动续期问题的基础，并指出国家承诺是私法和公法的连接点，对人民美好生活的承诺、对法制和公正的承诺设定了自动续期的前提框架，具体规则的设计提供了可行思路，也可以矫正可能出现的偏离。

基于合宪性和国家承诺的推演，可以看出续期问题不是简单的法理问题，而是涉及人民安居乐业、经济社会健康稳定甚至是政权稳定的政治性问题。《物权法》刻意建立双轨制的续期制度，将住宅用地使用权自动续期和非住宅建设用地使用权申请续期进行区分，其背后逻辑就是引入住宅建设用地使用权续期的政治解决方式，因此续期方案的设计必须在政治逻辑下开展（靳相木、欧阳亦梵，2016）。

（2）其他视角探索

是否有偿及如何收费的本质是土地增值收益如何分配的问题，影响着财政收入的稳定性（Hong，1998；Deng，2005；Peterson，2006；黄文浩，2017；Wu et al.，2017）。出让、续期等不同方式下增值收益的分配及其交易费用比较表明，在续期环节收取增值收益是较为困难的（Hong，1998）。同时，续租政策对财政可持续性的影响在短期内更为显著，到期续缴土地出让金，通过土地出让金的金融杠杆效应和财政兜底功能缓解收入压力，对财政可持续状态产生影响，但有偿续租仍无法根除土地财政的不可持续性问题，简单砍掉它也是不科学的（黄文浩，2017）；土地出让金也是基础设施建设资金的重要来源，必须谨慎对待（Peterson，2006）。也必须认识到，各地区对土地财政的依赖程度、国有土地使用权到期趋势等差异很大，对续期时缴纳的费用的依赖度也存在差异。

此外，从续期问题讨论的过程、视角的多元化等方面综合来看，国有土地使用权到期续期问题本质上是一个政策论证的过程，从这个角度出发，应用政策论证的理论方法来分析，无偿续期和象征性有偿续期方案是较好的选择（李文钊，2017）。这种过程实际上也是政策制定过程的规范化分析，是对民意充分吸收后的结果。

2.1.2 国内外出让及租赁合约研究

在国内，对于土地出让合约的研究主要集中在合约行政性质和民事性质的争论上（陈少琼，2004；宋志红，2007a；杨科雄，2017；王林清，2018）；在国际上，中国的土地合约问题并未引起过多关注。但批租制并非中国独有，国外对批租制也开展了少量相关的研究（Bourassa and Hong，2003）。与国内不同，租赁制度的国际研究主要集中在新制度经济学领域。早期研究表明批租土地的价值与永久产权土地是有差别的，这主要源于再开发权归属的差异（Capozza and Sick，1991）。最早将新制度经济学引入批租制分析的是 Hong（1998），他建立了一个基于交易费用的分析模型，比较了出让、续期等不同方式下土地增值收益捕获的难度，指出土地初始拍卖环节，合约成本是最低的，因此政府可以有效获取土地收益；而在合约修改环节，高昂的谈判成本就成为获取土地收益的最大障碍。因此，续期环节收费是效率很低的选择。Deng（2000）从交易费用角度分析了批租制的效率，由于公共品和土地相互绑定，且所有权人只有事前的选择但缺乏事后的灵活性，所以在提供城市公共品方面，批租制是更有效率的。这在本质上是避免了敲竹杠问题，降低了交易费用，因此带来了公共品供给的高效率。在合约视角分析方面，Dale-Johnson 等基于不完全合约理论探讨了合约剩余分配和续期权利对承租人行为的影响（Dale-Johnson，1998，2001；Dale-Johnson and Brzeski，2000）；Slangen 和 Polman（2008）从合约角度研究了新西兰的租赁制度，对合约的性质、合作机制、权利束等进行了充分讨论；Tong 等（2019）在土地合约框架下，分析了产权认知、制度基础等对国有土地使用权到期收费的影响。此外，也有部分文献分析不同签约方式对价格的影响（Qu and Liu，2012）、租赁土地上的房屋与私有土地的房屋价格差异（Gautier and Vuuren，2019）、土地租赁机制创新（Matveeva and Kholodova，2018）等方面的内容。

（1）合约剩余分配和续期权利影响承租人再开发行为

合约视角下批租制及其续期制度的研究比较罕见。Dale-Johnson 和 Brzeski（2000）从合约角度分析土地租赁结构对城市再开发的时间和强度方面的影响，提出了改善土地租赁合约结构的建议。他们梳理了批租制对转型经济体的重要作用，并指出了批租合约设计的重要性，除非谨慎地设计合约条款，否则出租人和承租人会产生大量分歧，并影响批租系统潜在利益的实现。

该研究的理论出发点是哈特第一代合约理论的核心结论：剩余权利应分配给具有重要投资决策权的一方；在土地批租合约中，应该提供激励机制使得土地所有权人和承租人有同等的潜在利益。现实中，不同国家的批租结构下，合约对剩余权的分配不同，并产生了差异化的合约激励和行为。以再开发为例，如果承租人没有建筑物剩余权利，到期后合约价值为零，承租人也就不会尽力维护土地和设施；即使再开发是可行的，承租人也没有意愿进行投资；即使投资了，项目的密度也会小很多。

基于前述理论，他们建立了长期土地租赁的合约选择模型，讨论合约终止时的剩余权利分配和续约问题，研究探讨了波兰的永久使用权、北美长期租赁合约、重建自动续期合约等不同合约安排对承租人投资激励的影响；其研究的目的是选择一种最佳的合约结构，使长期土地租赁合约的承租人在合约激励下的行为与土地所有权人行为一致。比较分析表明，剩余权利的配置会影响再开发的投资强度和时间节点的选择，在承租人无剩余权利的北美长期租赁合约中，再开发的密度低于所有权人开发密度，而其开发时点则早于所有权人的选择。在波兰的永久使用权结构下，由于可以获得合约剩余权利（即新建设施所有权），再开发的密度增大了很多，但时点仍然比所有权结构下提前。如果合约是可以续签的，再开发的密度就更高，投资也相对延后。

该研究的一个政策启示是，批租制的这种激励机制影响着城市形态，导致公有租赁期普遍存在的社会，城市开发密度会降低；给予承租人续期权利和建筑物剩余权利，可以有效提高再开发的投资激励作用。这个结论在深圳等中国城市中的有效性有待检验。毕竟从实际经验来看，各个城市再开发的开发强度不断提高，尤其是深圳等城市开发密度已接近极限，似乎不存在合约激励问题。这也暗含着承租人决策不受建筑物剩余权利配置的影响。这与实践经验也是一致的，即土地价值远高于建筑成本，因此决策本身受建设成本影响较小。

虽然 Dale-Johnson 和 Brzeski（2000）指出不确定性和长周期是合约分歧产生的重要原因，会影响当事人合约的价值，但并未对其进行深入分析。虽然如此，该研究仍然给批租制合约的研究提供了很好的视角和思路，也充分表明土地租赁合约条款的设计会极大程度影响承租人在合约期内的行为，这为合约视角下国有土地使用权到期治理问题提供了理论线索。

（2）合约结构影响权利价值

Slangen 和 Polman（2008）从合约角度研究了新西兰的私人土地租赁制度，并对比分析了新西兰的几种合约结构和地主的合约选择。研究利用系统性合约研究框架，充分应用合约理论讨论了租赁合约的结构、权利配置、合作机制、产权激励、显性和隐性关系、不完全性等，并从剩余控制权、产权分割、产权保护、产权周期、强制性、灵活性、可转让性等方面分析了批租合约的产权关系。

批租合约和所有权的最主要区别是对权利束控制权的不完整性，合约确定了转移的权利内容；不同批租合约中转移的权利束不同，进而导致土地价值的不同。获取利益是土地所有权人的主要目标，合约类型决定了土地所有权人的土地价值（剩余的权利价值），因此成为地主选择合约形式的出发点。从土地所有权人的角度看，签订不受租赁价格、续租权或优先权限制的租赁合同，土地将具有更高的价值，合约周期也会影响土地对所有权人的价值。一般而言，剩余控制权越低、可转移性越高、权利分割越有利于地主、对佃农权利保护力度越小、周期越短、合约的灵活性越高、价格价值发挥作用越大，对地主而言价值越高（Slangen and Polman, 2008）。

该研究展现出了合约理论在土地租赁领域的重要优势，提供了关于租赁合约的洞见。理论的力量源于多方面的研究条件：首先，合约理论提供了很好的分析工具，使得该研究可以系统地研究合约的各方面特征；其次，该研究的对象是私人领域的土地租赁，合约的选择较为灵活且丰富多样，不同合约形式可在理论和实证层面进行充分对比分析。此外，研究的主要是农业生产土地，对周期等要素更加敏感。相对而言，其合约周期比住房和产业用地短很多，不会产生太多的合约纠纷，因此研究的重心和落脚点在于合约的价值，相对其他复杂的合约问题，这是相对简单的。

然而，有几点必须予以考虑。首先，在中国，批租市场是非完全竞争性的，尤其是产业用地，价格、产权等都受到各方面管控；其次，合约的选择项不多，对于合约条款，上位法确定了大部分内容，双方几乎没有讨价还价的余地；最后，土地所有权人的目标是多样化的，获取规划权利、发展特殊产业、获得土地收益等都有可能成为主要目标，因此合约的选择和设计更加复杂，其影响要素与农用地也必然存在差别。

合约理论的成功应用提供了从合约视角探索批租合约续期的理论线索和信心，但制度环境、市场环境、研究对象等方面的差异需要本书重新审视研究的目标和重心，建立适合的理论框架进行探索。

（3）在中国，权利认知是合理的，对续期时土地收益捕获的影响不大

截至目前，仅 Tong 等（2019）将认知要素纳入了住宅用地合约续期收费研究中，基于一个综合性分析框架，将承租人对土地产权的认知、他们为公共租赁支付的金额以及与实施和执行续租政策有关的制度问题进行统筹考虑。产权认知是影响到期收费的关键要素之一，如果权利人拥有不正确的预期（他们拥有土地），那么土地使用权到期后，所有权人很难收取续期费用；而这种认知在 70 年的合约周期内是可能形成的，当权利可以无偿自动续期的时候，这种认知就会被强化。这会导致权利人认为其对土地拥

有无期限的所有权，并相信可以长期占有土地。通过对深圳市权利证书等文件的分析，Tong 等（2019）认为土地权利证书和法律文件不停地提示权利人土地是有期限的，因此权利人能意识到他们拥有的仅仅是有期限的产权；土地使用权人在购买房屋的时候，对土地年期是敏感的，尤其是当土地剩余年期很短的时候；购买人并没有支付所有权的价格，因此也应当愿意支付续期费用。这些分析表明权利认知不是影响续期收费的关键要素，制度基础才是最重要的因素。虽然该研究将认知和行为视角引入了续期研究，但并没有用系统的框架来探索认知和合约问题，对于认知的分析不够彻底。

Tong 等（2019）的研究可能存在两方面问题。①对认知缺乏真正的研究。首先，研究虽然指出了长周期可能引起错误的产权认知，但并未探讨其原因；超长周期并不必然导致错误认知的产生。其次，权利证书和合约有期限记录是不言自明的，该研究仅仅从权利证书中的约定出发，就得出了权利人能意识到权利是有限的，并且愿意缴纳一定费用的结论，进而将问题的重心放在制度基础的完善上。事实上，研究并未对真实的产权认知进行调研，也并未对产权认知进行规范化分析，所得结论缺乏说服力。认知的产生是众多因素影响下的复杂过程，法权规定或合约约定是影响认知形成的因素之一，并不是全部；在产权规则较为模糊的大环境下，法权约定和合约约定有时甚至不是影响认知的最主要因素。因此对国有土地使用权到期后的权利认知，有必要进行谨慎的探讨。②虽然对年期的敏感度进行了建模分析，但并不全面。虽然在统一的批租制下，土地使用权价格无法和所有权价格进行对比，但有几个重要因素，导致 70 年的使用权价格并不低。一方面，使用权的供应是单边垄断的竞争性市场，土地拍卖机制下，除 70 年的使用权外，用地人没有其他选择，这导致使用权实际价格不断高涨，基本与年期脱钩。另一方面，即使在二手房市场，房价虽然对土地年期表现出一定的敏感性，但并不显著，旧改政策影响下，存在越是老旧小区价格越高的现象。这种现象并不是个案，只要有旧改概念，小区价格与年期就基本没有关系。

2.2 社会空间思想及理论研究进展

2.2.1 空间思想演变

空间是地理学的核心，其内涵也随着地理学“区域差异—空间分析—

社会理论”三次变革而不断演进（石崧、宁越敏，2005）。①康德是最早将地理学界定为空间科学的哲学家，在康德体系中，时间、空间和概念构成知识的总体，按其概念系统划分，空间是地理学的研究范畴，而时间则是历史学的研究对象。此后，以赫特纳、哈特向等为代表的区域学派继承发扬了康德传统，认为空间是“被填充的容器”，是绝对空间，是独立于系统之外的东西。② 20 世纪五六十年代开始盛行的区位论思想构成了地理学中空间认识的几何学转向。自费舍尔开始，在相对空间思想下，地理学者以追求空间秩序为目标，以逻辑实证主义为主要方法，同时借助经济学、数学等学科理论，形成了中心地模型等空间形式法则。这种转向构成了地理学中的空间分析学派，其空间主要是经济人空间，对人的行为、个性、情感以及价值观等要素则视而不见或刻意回避，使得地理学与现实世界空间问题渐行渐远。③ 20 世纪六七十年代，基于对空间分析盛行的反思和批判，人本主义思潮逐渐兴起，以段义孚、拉尔夫等为代表的人文主义学派学者，更加重视空间的价值评判，并借助现象学、存在主义的哲学理念，结合人文科学和历史来发展人文地理学。在个体层面，他们强调价值观、情感、个性、心理与空间和地方间的关系；而在文化层面，则侧重于从历史、哲学、社会、组织行为、政经集团等角度综合思考。④ 20 世纪 70 年代起，激进地理学者对实证主义空间几何学进行了更加彻底的批判，皮特、哈维等认为地理学必须关注社会问题，强调空间的性质取决于社会实践，并非价值中立，并逐步发展出了批判的空间科学。激进地理学者对学科内部种族、阶级、性别、文化等的非客观研究以及整个资本主义进行了大量批判。列斐伏尔的三元空间辩证法及空间生产思想是此学派的核心概念，后文将进行详细分析。激进主义对空间价值中立的批判、对社会空间的强调以及对资本主义的彻底批判等都契合马克思主义思想，因此最终也走向了马克思主义地理学。⑤ 20 世纪 80 年代之后，后现代主义思潮涌起，地理学家开始强调时空的特点和不确定性、时空的碎裂等问题，以“解构”为重要手段，试图通过文本的重新解读发现新的问题，典型的如福柯、詹明信、桑内特等（叶超，2012）。

研究思想和范式演变已充分表明片面的、静止的空间观念会形成理论与实践、自然与社会和精神的割裂，并造成认知、理论和方法层面无谓的隔阂与困难，已然无法解决诸多的社会经济空间问题，空间的研究需更加综合、动态和辩证。

2.2.2 空间的社会性

虽然西方空间理论非常丰富，但也存在诸多缺陷和局限，主要体现在真实空间与精神空间的分裂、实践性的缺失、社会空间的探索不足以及政治经济学属性的忽略上（王晓磊，2010）。为了弥补空间理论的缺陷，学者们也探索从文学、科学等不同的路径构建统一的空间理论。自20世纪70年代起，列斐伏尔等马克思主义者深挖马克思著作隐含的空间思想，逐步构建了以实践为基础的社会空间理论，将真实空间与精神空间、唯物主义空间与唯心主义空间观点等统一整合到实践过程中，开启了空间研究的新篇章（王晓磊，2010）。这种转变具有深刻的政治和社会背景：一方面，20世纪60年代资本主义世界社会矛盾不断爆发，而空间分析面对社会问题无能为力，马克思主义则提供了一种新的理解视角；另一方面，主要资本主义国家制造业迅速衰退，摧毁了制造业城市基础，但新的服务业分布不平衡又形成了新的空间现象，在此过程中社会和空间的改变紧密交织，引发了新一轮的空间认知（石崧、宁越敏，2005）。两方面的变化引发学者们对城市化、空间－社会关系、空间－资本关系等问题的关注，并最终产生了新的理论突破（魏开、许学强，2009）。

（1）空间的社会性

人是社会性动物，任何人类实践活动都基于一定的社会形态和背景。自然空间是最基本的生产生活资料，人类在实践中不断地对自然空间予以改造并形成人化的地理空间。在此过程中，实践不仅创造了物理性的空间形式，也创造了与空间相关的社会关系。因此凡是人类活动覆盖的地方，都会产生一定的社会关系，这也是空间社会性的根本来源。在《空间的生产》中，列斐伏尔明确指出“社会空间是社会的产物”，社会生产也生产了空间本身，社会化的空间既有物理形式，也嵌入了大量的社会关系。在此意义上，任何实践中产生的实物都包含两种形式，内在的空间形式和外在的空间关系，这种不同于原始自然空间的空间形式和空间关系构成了人类的现实生存空间，在此意义上空间的生产也可以理解为空间的人化（庄友刚，2012）。新马克思主义空间研究正是延续了历史唯物主义，在资本主义经济、社会和政治关系分析的基础上理解空间，将空间作为参与社会经济体系的核心和基础性要素（魏开、许学强，2009）。

人类实践是区分社会空间与自然空间的关键。空间的社会性是与其自然性相对应的，单纯的自然空间不具备社会性，当空间不仅表现人与自然的关系，而且表征人与人的关系的时候，空间便具备了社会性质。首先，人类实践未覆盖的空间不具备社会性。其次，人类实践产生的空间也不必然具备社会性，社会性表征了人与人之间的关系，而实践的产物并不一定表征人与人之间的关系，唯有承载社会、政治、经济关系的空间，才具有社会性。此外也必须强调，一定历史条件下，在一定的社会关系、利益差别等背景下，空间生产的结果是空间必然具备一定的社会性质，即人们在空间生产时，对特定模式的选择，是由特定的社会关系所决定的，因此生产的空间也必然反映一定的社会需求和社会关系（庄友刚，2012）。

此外，空间也具备一定的人格性，即当空间能够表征人与自身关系的时候，空间会被异化为人自身，表征人的自我关系，因此具有强烈的人格性。在此情况下，空间往往成为特定主体自身的象征，例如“家”“家乡”“单位”等特定空间往往是个人自我身份认同的一部分。当然，这种人与自身的关系也可归入广义的社会性。

（2）社会空间的主要定义和分类

自列斐伏尔在区分传统空间定义基础上提出社会空间一词，学者们对社会空间多学科、多视角的论述如雨后春笋般展开，对其内涵的界定也各不相同。哲学、社会学、人类学、地理学、心理学等不同学科都在其特定的学科背景下进行了界定。西方学术界社会空间的概念界定较为丰富，但主要包含四种解释：社会群体居住的地理区域、个体对空间的主观感受或在空间中的社会关系、个人在社会中的位置以及人类实践活动生成的生存区域（王晓磊，2010）。

社会空间类型的划分方式也呈现多样化的特征。欧阳康（2002）认为社会空间既包含可测度的三维物理空间，也包含不可测度的关系空间、思维空间、情感空间等。也有学者将其划分为物质空间和文化空间两大部分，并将其细分为地理空间、生存空间、虚拟空间、交往空间等（汪天文，2004）。王晓磊（2010）则将其概括为物质性的社会空间和精神性的社会空间两部分，并指出物质性的社会空间是融入人类实践和社会关系的自然空间实在，而精神性的社会空间则不涉及具体的空间实在，是社会关系及人类文化、语言符号、心理等领域的空间性，并强调了社会空间的本质特征是其实践性（首要特征）、多样性、二重性（物质和精神二重性）、层叠性（相互交织、难分彼此）和价值性（非价值中立）。

虽然对社会空间的定义和分类很多，但尚未出现能完全统一各种思想的元理论。相反，以哈维为代表的学者反而坚持需保留对列斐伏尔三类空间等空间分类的辩证张力，唯有如此才能对时－空结构进行系统的理解（Harvey，2008）。

2.2.3 社会空间理论

（1）马克思、恩格斯的社会空间思想

虽然马克思主义的时空观往往被解读为纯粹的“自然时空观”，但在以实践为主线的分析中，马克思、恩格斯也将自然的时空观念引入社会领域，开创性地提出了社会空间思想。实践是马克思主义哲学的核心，也是马克思主义社会空间思想的基石。马克思关于“实践”的内涵解释是很丰富的，不仅包含物质生产的实践，也包含人的感性活动，这也是自然空间转化为社会空间的理论源泉。自然空间是先在的空间，排除了人类实践活动，而实践赋予了自然空间以社会属性，自然空间也因此不断地被社会空间所挤压。马克思一直重视空间在物质生产中的作用，其对土地、工厂、居住场所的研究都体现了空间的社会价值和意义（王晓磊，2010）。

此外，人类实践的形式、广度和深度也在一定程度上决定着社会空间的形态、规模和层次。一方面，人类按自己的方式不停地改变着自然空间形态，物质资料的生产也与人的生产和交往两种实践活动有关，人的生产是物质生产、精神生产的基础，人的交往则扩展了社会空间的范围（从地域意义和社会关系意义方面）。另一方面，随着社会生产力的提高，人类实践能力不断提高、实践形式不断丰富，社会空间的广度和深度也不断提升。马克思、恩格斯也坚持用发展的眼光分析社会空间，其三大社会形态与社会空间紧密相连，生产力发展水平、生产关系、社会形态、社会空间之间历史地、辩证地相互关联。马克思、恩格斯正是基于这样的空间思想，对资本主义社会中资本扩张与社会空间规模之间的关系、城乡二元的空间模式等问题进行了深入分析（王晓磊，2010）。

（2）新马克思主义的社会空间思想

20 世纪 70 年代，列斐伏尔等马克思主义者创造性地提出了社会空间的马克思主义解释。如社会学家卡斯特尔（Manuel Castells）基于结构主义的视角，将社会空间解读为社会结构在空间上的投射，并对不同的社会系统进行考察；列斐伏尔则与其不同，指出空间是社会的产物，在他的理论中空间是社会生产的结果，并非社会在空间上的投射；哈维延续了列斐伏尔的空间理论，将列斐伏尔的空间理论概括为“空间、社会、历史”三元辩证法，将其社会空间称为“第三空间”，并对资本主义的一些空间形态进行了精彩的分析；福柯则致力于权力、知识的空间化，通过空间来认识权力和知识间的各种可能关系（参见石崧、宁越敏，2005）。总体而言，马克思主义者将社会空间看作人类实践的产物，其构成较为全面，包含个人的感知空间、社会空间关系、个人的社会位置等诸多组成部分。

第一，列斐伏尔的空间思想。不同领域学者对空间概念的揭示路径各不相同，除相对、绝对和关系性空间划分外，在社会、文学和文化理论中也存在诸多的区分。对地理学影响较大的是列斐伏尔的空间生产理论（The Production of Space）及三元空间划分（Lefebvre，1992）。列斐伏尔的研究将历史性、社会性和空间性结合起来，将时空同等对待，并将空间视为社会关系的中介，只有当社会关系在空间中表达时，这些关系才得以存在（参见石崧、宁越敏，2005）。列斐伏尔提出每一个社会、每一种生产模式、每一种生产关系都会产出独特的空间；空间的生产不是将空间当作物质生产的器皿，也不是空间内部的物质生产，是空间本身的生产（参见李秀玲、秦龙，2011）。列斐伏尔总结出空间的三元辩证法，即物质空间或空间实践（体验空间、可触及和可感觉的知觉空间）、空间的再现（空间被感知和被再现）以及再现的空间（被日常生活方式所收编的并在知觉、想象、情感和意义上生动的空间）（列斐伏尔，2003）。空间实践是空间的再现和再现的空间的物质基础，是可以通过观察和实验来直接把握的。空间的再现属于构想层面，是一种概念化的空间想象，存在于科学家、规划师、专家学者等群体中，是人们对空间的自我意识，是一种支配性空间并由社会关系和知识来承载。再现的空间是被支配的空间，属于生活层面，是通过意向和符号而被直接使用的空间（李秀玲、秦龙，2011）。列斐伏尔的社会空间也极具概括性，感知的、构想的与生活的空间几乎涵盖了社会空间的方方面面，既实现了物质性的、精神性的社会空间的统一，也将政治权力和意识形态等囊括其中（王晓磊，2010）。

第二，哈维的空间思想。虽然列斐伏尔的研究开拓了马克思主义空间研究的新视角，但对于空间的过度强调导致其具有了空间拜物教的倾向。哈维受列斐伏尔思想的影响，强调空间的重要性并对其进行了高度抽象和类型划分。哈维认为空间类型和生产类型高度相关，生产性质决定着空间的类型和性质；空间的生产和社会实践耦合在同一实践过程中（李秀玲、秦龙，2011）。与列斐伏尔不同，哈维并未将空间本身置于核心位置，更加注重社会生产关系分析中空间的工具性，并从历史地理角度，基于时间－空间的范式，对资本主义空间生产过程及其周期性矛盾进行了深入剖析。在对空间的抽象总结方面，哈维全面梳理了空间思想的历史演变，将其总结为绝对空间、相对空间和关系空间三种主要模式，并坚持保持三种空间之间的辩证张力。哈维特别强调对关系空间的研究，指出事物不仅本身与其他事物有一定联系且处在变化当中。关系空间是历史地理唯物主义研究的主要内容，充分体现了哈维对马克思主义辩证法的坚持以及从空间实践剖析资本主义社会发展的独特视角（李秀玲、秦龙，2011）。

自《社会正义与城市》一书开始，哈维从实证主义浪潮的领军人物转变为马克思主义地理学的杰出代表，并始终坚持对历史地理学唯物主义元理论的探索，其空间思想较为完整地包含元理论、经验研究和对策论三个层次。哈维的空间思想构建是循序渐进的过程，最终形成了以马克思主义实践观和辩证思想为基础的关系性空间、空间的社会性和空间概念的多维性等思想（胡大平，2017）。早在《地理学中的解释》一书中，哈维就对空间概念的多维性进行了分析，并指出空间的概念存在文化差异性。在《社会正义与城市》中，哈维为以马克思主义为基础从社会实践角度阐明城市构建的复杂过程并寻求改善当代社会的空间哲学的构建指明了理论方向，哈维指出每种形式的社会行为都有对应的空间定义，因此才有了地理学的社会空间、心理学或人类学中的个人空间等概念。城市空间形式的理解，需整合地理学和社会学思想，构建关于社会空间的哲学，并通过社会行为来理解社会空间（胡大平，2017）。20 世纪 80 年代起，哈维将社会空间构建思想与马克思主义政治经济学批评连接起来。在《资本的限度》一书中，哈维基于马克思的价值理论，利用固定资本生产的过程来再现资本主义空间生产的过程及其界限；在《后现代的状况》一书中则从马克思主义角度对后现代主义问题进行了有力回击。1996年，在《正义、自然和差异地理学》中，哈维重构了马克思空间元理论，清晰地阐述了话语辩证法，并且提出以社会正义为核心的差异地理学构想。面对全球化背景下左派的理论危机，哈维以辩证法包含盛行的话语理论，在政治上对差异、性别、生态等问题进行了回应（参见胡大平，2017）。

2004年，在著名的演讲《作为关键词的空间》中，哈维结合空间哲学史的演变，对自己的空间元理论进行了系统梳理，一方面借助莱布尼茨哲学提出了关系性空间概念，另一方面将空间观念与实践紧密结合。在此基础上哈维发展出集"绝对空间、相对空间、关系空间""空间实践、空间再现、再现空间""使用价值、价值和交换价值"于一体的空间概念矩阵模型（见表2.3），将问题夯实在了社会认识论上（Harvey，2008；胡大平，2017）。哈维的空间认知矩阵是辩证的，直观地表现出了空间的多义性、多维性及社会实践的影响。哈维同时指出空间本身并不是绝对、相对或关系的，何为空间只能在实践中予以探索。他坚持保持三种空间之间的辩证张力，任何一种模式都不具备优先性，必须从它们之间的联系出发，在具体历史情境中考察其辩证张力，从而为解释、改造社会环境提供可能性（胡大平，2017）。

表2.3 马克思理论的空－时矩阵

	物质性空间（体验性空间）	空间的呈现（概念化的空间）	再现的空间（活现的空间）
绝对空间	有用的商品，具体的劳动过程，纸币和硬币，私人财产权/国家边界，固定资本，工厂，建筑环境，消费空间……	使用价值与具体劳动过程中的剥削（马克思）和工作如同富有创造性的游戏；私人财产权和阶级专用空间的地图；不平衡发展的马赛克式地图	异化和创造性的满足；孤立的个体和社会整体；对地方、阶级、身份等的忠诚感；相对性剥削；非正义；无尊严；愤怒和满足
相对空间（时间）	市场交换；贸易；商品循环和流通；能源，劳动力，货币，信用或资本；通勤和移民；贬值和降级；信息流和外部激励……	交换价值的积累模式；商品链；移民或流浪方式；投入产出模式；时间消灭空间；网络；地缘政治关系和革命战略……	货币商品拜物教；空－时压缩下的焦虑或亢奋；不安全；不安定；一切坚固的东西都烟消云散了……

续表

	物质性空间（体验性空间）	空间的呈现（概念化的空间）	再现的空间（活现的空间）
关系空间（时间）	抽象劳动过程；虚拟资本；抵抗运动；政治运动的骤然显现和突然表达……	货币价值作为社会必要劳动时间的价值；世界市场中凝结的人类劳动的价值；运动中的价值规律和货币的社会权力（全球化）；革命的希望和忧虑；应对变化的策略	资本主义的同质性；无产阶级意识；国际团结；普遍权利；乌托邦梦想；多元化；同情他人……

资料来源：胡大平（2017）。

哈维马克思主义历史地理学始终坚持辩证法和实践立场，从实践角度探索空间的多样性、辩证张力及改造环境的可能性。20 世纪 90 年代之后，哈维通过对资本主义社会中要素、环节和过程的抽象总结构建了社会过程的辩证认知图，并对过程中各要素之间的关系进行充分考察，研究回答了诸多不同的社会问题，典型的如《资本之谜》中对社会过程的再次构造及分析。但是，立场决定了其对资本主义社会的研究极具批判色彩，在社会主义社会过程的研究中，需重新构建社会发展中的要素、过程及环节，分析其内在关系，并对具体问题辩证地予以分析（胡大平，2017）。哈维在城市化、全球化、日常生活、资本积累的经济空间、后现代的文化空间等问题之间灵活穿梭且都有深刻的理论发现和见解，充分体现了其空间思想和方法的理论张力。正如哈维所言，“历史地理唯物主义是一种开放的和辩证的探究模式，而不是封闭的和固定的理解体系”，可以应用其元理论体系，摒弃批判的立场，客观分析社会主义体制下的社会空间问题。这种思路下，研究的难点在于如何在不同要素、维度之间穿梭，系统、客观地反映特殊空间区域的发展过程，并探寻改善的可能性。

第三，福柯的空间思想。福柯是法国著名思想家，长期致力于权力、知识的空间化，也通过空间来认识权力和知识间的各种可能关系（石崧、宁越敏，2005）。他的理论企图用空间思维重构历史与社会生活，重新解释空间、权力、知识之间隐蔽的关联。福柯较为关注微观层面、边缘性的空间关系，对牢头 - 监狱、工头 - 工厂等一一进行了考察，并将重心始终放在权力 - 空间关系的分析上。福柯的研究大量使用隐喻的空间表达，如位置、位移、区域、领土等（福柯、雷比诺，2001）。空间既不是空白也不是容器，而是社会构建的空间之维，空间既是抽象的也是实在的，其构建嵌入在各种关系中，正因为空间与关系高度相关，自然而然其与权力和知识也紧密联系（何雪松，2005）。在福柯的思想体系中，空间是权力运作的媒介及场所，是权力运行的重要机制，权力与知识高度相关，因此知识体系为权力在空间上的运作提供基础，知识也通过空间得以显现。

第四，空间正义的价值与作用。面对剧烈的社会变化，西方学术界存在两种截然不同的价值理念。第一种是价值中立，主张客观分析和反映社会现实，解释社会运行机制，主要问题是“是什么”“为什么”，在此价值理念下往往形成自由主义或保守主义的结论，绝大部分实证研究属于价值中立。第二种肇始于《乌托邦》，主张在价值判断基础上研究社会现实并推动社会进步，主要问题是“应该怎样”“怎么办”（魏开、许学强，2009）。

新马克思主义延续了马克思主义的基本价值立场，对资本主义的空间实践考察中采取了批判的立场，空间研究的基本取向是在现实的批判中寻找发展方向，而非提供空间解释（张应祥、蔡禾，2006）。空间冲突被视为资本主义社会与经济的矛盾，因此其研究往往着眼于资本主义制度的批判，而非仅仅停留在空间关系的调整和改进上面（魏开、许学强，2009）。当然，在批判的焦点方面，新马克思主义与马克思主义也有所不同，后者主要集中在对资本积累中剩余价值攫取的批判上，而前者更加关注资本主义高级阶段社会与文化矛盾的分析（Quaini，1982），女权、种族歧视、贫民窟等问题是其研究的中心。新马克思主义学者也从多个角度探讨社会、空间理想及正义，如列斐伏尔希望以轻微型的日常生活文化革命乌托邦代替马克思解放全人类的宏观理想（刘怀玉、范海武，2004）、哈维《希望的空间》中的理想社会与空间的构想。当然，随着西方文化革命浪潮的褪去，新马克思主义激进的价值理念并未形成新的强大的社会浪潮，最终被追求差异化、多样性的后现代主义价值观所取代（Harvey，2008）。

（3）空间的生产与历史唯物主义：方法论的意义

无论是经典的生产关系分析范式，还是新马克思主义空间生产的社会历史发展分析范式，都与马克思主义有相同的核心和灵魂，即以实践为基石，以辩证分析为主要方法。但这两种分析范式之间的关系也是必须探讨的重要问题，此外空间生产能否取代生产关系、空间生产能否解释人类社会发展等问题也值得探索。

生产关系、空间生产两种分析范式并非对立的关系。历史唯物主义具有空间生产分析的基因，只是缺乏系统的空间生产理论。马克思在基于生产关系的分析范式解释社会发展时，其实对空间问题予以了考虑，蕴含空间扩张的隐性线索，只是并未将其置于核心位置。而空间生产则以空间的、地理的视角审视社会发展，是对历史唯物主义在空间向度的拓展和丰富，以期获得更加全面、深入的认识。这就要求在理论实践中，既不能排斥历史唯物主义的生产关系范式，也不能将空间生产范式拒之门外，而需坚持历史地理唯物主义的全面探索（庄友刚，2012）。

空间生产与生产力发展、社会关系的构建紧密相关。广义来讲，任何物质生产活动都是空间的生产，但这种泛化的理解对于理论的探索无实际性的帮助，在狭义的意义上探讨空间生产时，空间性及其在社会发展中的特殊作用才能显现。而同时，广义空间生产概念也为狭义的空间生产，即新马克思主义的空间生产，提供了理论基础和逻辑前提。与其他的物质生产相比，空间生产具有其特殊性，即空间是空间生产的前提也是结果。同时，空间生产也是社会生产力的发展途径和表现方式，在扩大社会再生产、提高空间置换效率、集中与优化生产要素等方面促进和体现着物质生产的发展与提升，这些作用在区位的自然形成以及城市的科学规划等方面体现得淋漓尽致。此外，空间生产的特殊性还在于其与社会关系之间的复杂关系，空间生产既是社会关系再生产的重要路径，也是社会关系再生产的重要体现；空间的生产也同时受各种社会关系的制约。在此意义上，空间生产的历史也就是社会关系发展和构建的历史。因此，从狭义的空间生产意义来看，人的发展、空间生产和社会生活的丰富具有一定的历史一致性（庄友刚，2012）。

空间生产分析范式无法取代生产关系的分析范式。社会生产不等同于空间生产，空间生产无法覆盖社会生产的方方面面。尽管空间及空间的生产如此基础，空间生产的分析范式在人类社会发展分析中凸显了空间维度上的丰富内容，但其仍然无法覆盖生产力发展、物质生产、社会关系生产的方方面面，因此用空间生产替代生产关系的分析范式明显走向了歧途，并最终会失败（庄友刚，2012）。

2.3 合约及相关理论研究进展

2.3.1 产权概念及理论进展

在新古典经济学中，长久以来所有权被认为是给定的，并未成为分析的目标（Furubotn and Richter，2010）。尽管科斯早在20世纪30年代便已发表了《企业的性质》一文，但直到60年代《社会成本问题》发表，新制度经济学才得到应有的重视（苏志强，2013），作为系统研究稀缺资源配置中所有权经济激励机制的产权分析方法也自此开始（Furubotn and Richter，2010）。与旧制度经济学不同，新制度经济学是在保留大量新古典经济学理论和方法论的基础上，放开完全信息、零交易成本等条件，用新古典经济学的逻辑来建构产权理论，因此很快被主流经济学所认可（苏志强，2013）。

（1）新制度经济学中的产权概念

一般而言，新制度经济学中的产权即指财产权（property rights）。新制度经济学奠基人科斯教授并未明确提出产权的概念，因此对产权概念的界定也是在不断争论和发展的（见表2.4）。概念的界定要么基于实体，要么基于特征，在社会科学中，由于具体对象并不明确，所以往往基于特征来定义研究范畴。对产权的界定也是从其本质特征的角度出发进行的，主要包括两种类型：从人与财产的关系角度进行的界定、从以财产为基础的人与人的关系角度进行的界定（袁庆明，2014）。从人与财产的关系角度对产权的本质进行界定，即产权反映的是人对财产的行为关系。从人与人的关系角度界定产权的本质，即产权不是人对物的关系，是人对物的使用所引起的相互关系（卢现祥、朱巧玲，2012）。袁庆明（2014）则回避了人－物、人－人关系的争论，指出产权是人对财产的一种行为权利，体现了人们之间在财产基础上形成的相互认可关系。

表2.4 经济学中的“产权”定义

作者或书名	定义	特征
《新帕尔格雷夫经济学大辞典》	一种通过社会强制而实现的对某种经济物品多种用途进行选择的权利	人－物

续表

作者或书名	定义	特征
《大不列颠百科全书》	Property 是指法定权利的客体，它把占有和财富结合在一起，通常强烈意味着个人所有权。在法律上，这个词指人与人之间对物的法律关系的综合	人-人
德姆塞茨	产权规定了个人如何受益和受害，以及因而谁应该向谁付钱以调整人们的行为，产权与外部因素密切关系	人-物
Barzel	产权包括经济权利和法律权利，经济权利是最终目标，而法律权利则是达到最终目标的手段和途径。个人对商品拥有的经济权利是指通过交易个人直接的或间接的期望消费商品（或资产价值）的能力	人-物
Furubotn and Richter	产权的主要结构可以理解为一组经济和社会关系，这种关系为每个人界定了资源使用有关的位置	人-人
卢现祥和朱巧玲	产权不是指人与物之间的关系，而是指由物的存在及关于它们的使用所引起的人们之间相互认可的行为关系。产权不仅是人们对财产使用的一束权利，而且确定了人们的行为规范，是一种社会制度	人-人
袁庆明	财产权利的简称，其直接内容是人对财产的一种行为权利，体现了人们之间在财产基础上形成的相互认可关系	人-物-人

资料来源：Barzel（1997）、盛洪（2009）、Furubotn 和 Richter（2010）、卢现祥和朱巧玲（2012）、袁庆明（2014）。

总体而言，新制度经济学中的产权概念范围更加广泛，产权被理解为一组经济和社会关系，界定了每个人资源使用的关系（Furubotn and Pejovich，1972），除正式的法律产权外，也包含各种社会规则（埃格特森，2004），只要是能界定个人之间资源的使用、收益方面的行为规范，都属于产权的范畴（苏志强，2013）。此外，从前述定义可以看出，新制度经济学中产权的构成具有明显的结构特征，即将产权划分为由占有、使用、收益等组成的权利束。对于产权是一束权利束的观点已经没有异议，新制度经济学更加倾向于一般化的产权构成（苏志强，2013）。埃格特森（2004）认为产权一般包含三种权利，即使用权、收益和缔约权以及转让权；Barzel（1997）则认为商品是多样的，可根据不同属性分离出不同的权利，动态世界中的权利随着属性的发现及其外部条件的变化而不断更新。

在新制度经济学中，名义上归属个人的单项权利仍然可以进一步划分（苏志强，2013）。通过只转让部分权利，两个或两个以上个人可以拥有同一商品的不同属性，无论是商品还是组织的所有权都可以被分割。此外，不完全的分离使得部分属性进入公共领域从而成为公共产权，从而使得攫取它们成为可能（Barzel，1997）。需要强调的是，产权分割使得占有不再是所有权关系的基础和核心，新制度经济学更加关注控制权的归属，即谁获取了决定产权客体的使用、转让、处置的权利以及多大程度上行使这些权利（苏志强，2013）。新制度经济学的产权结构视角不再局限于对权利构成和利益分配的关注，还包含风险和责任的归属，这一点早在科斯社会成本问题中谈论“相互性”问题时便已被引入，本质上也是对负外部效应内部化的关注。

（2）产权演化的必然性及其分析范式

科斯指出了产权界定对资源配置的重要性，但并未谈及产权界定的程度，产权能否完全界定清晰是必须回答的问题。德姆塞茨（1994）认识到了产权界定的不完全性，即使是完全私有制，其产权的意义也是模糊的，部分潜在权利由个人、集体或国家拥有，对所有权人潜在权利的完整描述是不可能的。Barzel（1997）也指出产权的界定具有相对性。潜在价值的充分认识成本极高，产权的完全界定是不可能的，人们拥有一项资产往往着眼于能带来潜在收益的几个属性而非全部，当某种属性的界定有利可图时，便会设法界定并拥有该属性。如果将资产所有属性按价值排序，那么产权界定的临界点就是净价值为零的属性，而比这更低的属性则不会被界定。产权的相对性就导致对其的界定是动态的过程，这也构成了关于产权的起源和演化研究的基础。

对于产权演化的分析沿用了制度演化分析的一般范式。20世纪60年代以来，西方经济学中的制度研究主要有三大流派，即以交易费用为基本工具的新制度经济学派、结合一般均衡分析方法和交易费用的新古典经济学派、演化博弈论制度分析学派（卢现祥、朱巧玲，2012）。20世纪90年代中期起，以交易费用为基本工具的新制度经济学派日渐式微（韦森，2003）；新制度经济学与其他学派相互融合不断发展，对新古典分析方法的保留使得新制度经济学能够快速融入主流经济学领域，与博弈论的结合使得新制度经济学建立了探讨经济运行秩序和制度起源与形成的框架，与演化经济学的结合使得新制度经济学可以分析制度演化的过程（卢现祥、朱巧玲，2012）。总体而言，演化制度变迁理论包含以凡勃仑、康芒斯为代表的旧制度经济学，纳尔逊和温特的经济演化论，哈耶克的进化自由主义，熊彼特的创新理论，以及诺思晚期的制度变迁理论（胡海峰、李雯，2003）；20世纪90年代以来，青木昌彦、霍奇逊、多普非等人的研究使得演化制度变迁理论进一步拓展。演化制度变迁理论建立在有限理性、信息分散的假设基础之上，特别关注事物和变量的动态变化，尤其强调社会心理、行为动机和思维方式的影响。

（3）认知模式研究对制度变迁产生重要影响

制度的起源和发展都与人类活动息息相关，社会发展过程中制度与人永远互相塑造（Schmid，2008）。人和制度相互影响、相互塑造，制度可以扩展人的理性，人也能影响制度变迁的方向，因此对制度的研究必须充分考虑行为特征及人性状态，对有限理性、认知模式、学习过程等有充分认知，并结合人性动态发展来研究（卢现祥、朱巧玲，2012）。个人认知与社会结构相互作用产生不同的结果（德勒巴克等，2003）。认知构成了人们理性及非理性行为的基础，人类的互动博弈也是在共同认知背景中展开的；此外，制度的创造和利用都以认知为基础。因此无论何种路径，认知研究都构成了制度演化分析的基础（章华，2005）。在制度研究中，如果将制度看作集体行动的均衡解，那么集体行动的原则就很重要，而现有研究表明集体行动并不是从经济利益角度考虑最优结果（Ostrom，2000）。此外，从博弈论角度出发的研究中，共同知识是重要的预设假定，但对共同知识的形成，博弈论自身无法说明（章华，2005），这也需要从认知角度进行深入探索。

根据认知科学研究，人类行为受大脑认知结构的影响而呈现层次性，可分为意识行为、直觉行为、潜意识行为和无意识行为（卿志琼，2006）。不同的认知层次对应不同的行为模式，而不同的行为模式又导致不同的制度结构。除有意识的推理行为外，人类的其他行为多属于半理性甚至非理性，在有限理性约束下，人们倾向于根据惯例或模仿行事，而非依最大化原则，这种情况下文化传统、宗教信仰等非正式制度发挥重要作用（卢现祥、朱巧玲，2012）

然而，经济学理论中对认知模式的研究长期未得到足够重视，现有研究主要是在传统心理学范畴内对认知和认知模式的探索、从认知角度对选择行为微观基础的修正和完善、特定类型主体的认知模式及经济后果研究（章华，2005）。随着演化制度变迁理论的发展，诺思、青木昌彦等学者及越来越多的文献开始强调认知、信念、意识形态等要素对制度变迁的重要性。

(4) 心理认知构成非正式规则的基础

新制度经济学领域普遍接受诺思对制度的分类，即制度包含非正式制度（道德、禁忌、习惯、传统和行为准则）和正式制度（宪法、法令、产权）（诺思，2014），二者既在表现形态和构成特点等方面存在较大差异，又紧密相连、相互依存。一方面，二者相互生成，非正式制度是正式制度产生和发展的前提，正式制度往往是在习俗、习惯等非正式制度基础上形成的，而正式制度建成后又可以影响和重构非正式制度；另一方面，二者相互依存、相互补充，正式制度需要非正式制度辅助实施且需要非正式制度来补充；同样，非正式制度也需要正式制度予以支撑，只有借助于强制性的正式制度，非正式制度才能有效发挥约束力（卢现祥、朱巧玲，2012）。此外，非正式制度往往出现在正式制度之前（Furubotn and Richter，2010），大多数正式制度是建立在非正式制度基础上的，因此演化的自发秩序与设计的正式制度之间是有通道的（卢现祥、朱巧玲，2012）。正式制度的制定可以通过自发的非正式制度来迅速适应未来的不可预见性，这样可以有效减少不确定性和信息不对称带来的问题（Furubotn and Richter，2010），从而降低正式制度的交易费用。诺思强调，长期趋势中，制度或认知模式的变化与群体面临的初始条件的变化高度相关，语言、心智构念（mental constructs）形成了非正式约束力，限制着群体的制度框架，并被当作习俗、禁忌等世代相传，成为所谓的文明，并形成路径依赖的关键部分（卢现祥、朱巧玲，2012）。诺思强调人的复杂性动机和意识形态的重要性，除成本-收益计算外，意识形态等因素也会对人的选择产生重要影响。诺思认为现实中人的选择并非完全基于理性计算，很多时候只是根据习惯和习俗进行判断，且人类对复杂环境的认识存在不足，这也增加了行动中的不确定性。此外，诺思强调非正式制度的重要性，且正式制度与非正式制度之间存在程度上的差异，而人类社会的发展本身就是非正式制度向正式制度变迁的过程，诺思还非常重视国家对产权制度变迁的重要影响。

(5) 认知权利理论的提出

科斯在《社会成本问题》中提出了著名的“相互性”问题，并指出在权利界定清楚的情况下，“相互性”问题可通过市场机制有效解决。对于“相互性”问题，刘世定（1998）教授指出存在明显的逻辑悖论：产权界定是“相互性”问题的必要前提，否则不存在取消一方的权利而转移给另一方的问题，即“相互性”无从谈起；反过来，如果产权已清晰界定并运行良好，那么就不存在损害问题，讨论的起点就不存在了。这一悖论的关键在于必须认识到产权的复杂性，认识到国家法律和社会认知都可以界定产权。在法权未明确的情况下，当事人的认知会预设控制边界，而当不同当事人的预设边界相互重叠时，就会产生科斯所讨论的“相互性”问题。科斯案例中的“相互性”问题产生在下面这样的条件下：虽然法定权利边界不完全，但当事方有各自的认知权利边界且存在交叉和冲突，当事方在冲突区域中根据认知权利预期收益，按某一方认知界定权利就可能让另一方感到受损。在此情况下，可能存在既不同于庇古方案又不同于科斯方案的另一种解决方案：认知权利基础上的交易，即不必先界定法定产权，双方在认知权利的基础上协商、谈判、交易，并形成一种双方认可的产权界定。而且，在一定条件下，这有可能比科斯方案更有效率（刘世定，1998）。

认知的产权边界和法定产权边界的差异是普遍的，这与法定产权的不完全性、认知能力的限度、法定产权界定者的第三方地位有关。将基于认知权利的交易引入制度构建和运作框架中，是对制度构建中大集团行动的重要补充和修正。法定权利和认知权利各自独立地受到一些其他因素的影响，因而影响的讨论似乎有广泛延伸的余地（刘世定，1998）。这为认知权利的研究和扩展提供了明确的方向和扩展的空间。认知权利如何形成？影响认知权利的因素有哪些，作用机制是什么？个人的认知能力是有限的，认知权利是否准确，是否合理？这些既是经济学需要探讨的问题，也是心理学等学科研究的重点。

（6）新制度经济学产权理论与马克思主义所有制理论具有融合的可能性

改革开放以来，随着西方经济学思潮的涌入，西方新制度经济学产权理论同马克思主义所有制理论一道成为国内产权研究最重要的理论体系及分析范式，二者在目标及对象、研究方法、权利定位、理论主线、理论基础、制度动因等方面存在极大差异（见表2.5）。

表2.5 理论对比分析的主要维度及结论

比较维度	马克思主义所有制理论	西方新制度经济学产权理论
目标及对象	揭露资本主义的本质并阐明它发生、发展和灭亡的规律；重点研究根本产权制度	维护自由市场制度，提高经济效率，研究经济运行层次的具体产权

续表

比较维度	马克思主义所有制理论	西方新制度经济学产权理论
研究方法	辩证唯物主义、历史唯物主义、整体主义	新古典方法、个体主义
权利定位	经济产权、历史动态权利	法权、自然权利
理论主线	生产中心论	交易中心论
理论基础	历史唯物主义	交易费用
制度动因	生产力与生产关系、经济基础与上层建筑的矛盾	成本-收益分析
效率标准	是否促进生产力发展	经济效率、交易费用高低
适用范围	社会整体形态研究，社会主义根本产权制度研究	微观领域的经济产权分析
共同特征	研究对象都为制度、人与人的关系，都重视制度对经济效率的影响	

两套理论产生于不同的时代背景和意识形态下，马克思主义辩证的、整体的、历史的方法论极具优势，但也必须看到其在微观领域具体产权问题研究方面的不足；而西方新制度经济学则刚好相反，其分析方法虽然在把握人类社会发展的客观历史规律、趋势方面几乎无能为力，但在研究市场经济中具体产权问题方面操作性较强。两种分析范式都适用于制度及人与人关系的分析，在研究层次方面事实上形成了很好的互补关系（董君，2010）。

这两套理论也有进一步融合发展的可能，国内也已开展大量相关研究。一方面，虽然二者在目标及对象、研究方法、理论主线等方面存在极大差异，但二者都以制度为研究对象，归根结底是研究人与人关系的；虽然对效率的考核标准不同，但也都是为了找到更有效率的制度安排，在各自适应的领域可以发挥积极的作用（卢新波、金雪军，2001）。这些相似性提供了进一步融合的可能。另一方面，虽然科斯等早期制度经济学家的理论与马克思主义理论有极大的差异，但后期诺思等人的研究在一定程度上受到马克思主义理论的影响，在制度分析的方法层面与马克思主义理论形成了一定的互补性和融合的趋势（黄少安，1999a，1999b，1999c；方竹兰，2005）。诺思借助于制度结构、交易费用、产权、国家或意识形态、个体选择等中介范畴对马克思的分析框架进行阐释，他的整个分析框架皆可以置于马克思的分析框架之下，构成马克思分析方法的微观基础，因此只有将马克思方法与诺思方法结合，才能真正形成有效的制度分析方法（黄少安，1999a，1999b，1999c；吴宣恭，1999；林岗、张宇，2000；马广奇，2001；曹钢，2002；吴易风，2007；康晓强，2008；张泽一，2008；刘和旺，2011；杨奇才，2017）。这种互补性及融合趋势，也为进一步融合创新中国特色产权分析理论提供了基础（详见附录 B）。

2.3.2 合约概念及理论进展

（1）合约的概念及基本原则

合约（contract）是随着人类社会交易行为的产生而出现的（卢现祥、朱巧玲，2012），是一种自然的社会现象。古今中外，漫长的发展过程中人类的交易行为不断扩展和演化，人们使用各种各样的合约来满足交易需要。通俗地讲，合约是双方或多方当事人之间的协议和约定（聂辉华，2017）。《牛津法律大词典》中，合约是两个人或多人之间相互设定合法义务而达成的具有法律强制力的协议；从法律经济学视角，合约是资源流转方式的制度安排，规定了当事人之间的权利义务关系（卢现祥、朱巧玲，2012）。现代经济学中的合约概念比法律上的合约概念更加宽泛，除法律效力合约外，还包含默认合约、关系合约等多种类型。现实中，合约的分类标准极为丰富，短期/长期、正式/非正式、显性/隐性、标准/复杂、古典/关系、完全/不完全等都是刻画合约类型的重要标准（Furubotn and Richter，2010）。在狭义上，商品或劳务交易都是合约关系，从广义来看，法律和制度也都是合约关系（聂辉华，2017）。

从广义来看，合约是协调人类社会关系、维护社会生产秩序、保持社会发展的有序力量（卢现祥、朱巧玲，2012）。从经济功能出发，合约是一种约束交易、具有一定经济价值的微观制度（袁庆明，2014）。合约维护缔约方的合作，约束和鼓励各方按约定行事、承担合约责任、谋求合约利益。具体来看，其功能包含三个方面：一是多重均衡情况下协调独立行动，类似于行为的参照系；二是依赖未来事件的交易得以执行，主要是对不确定性的控制；三是促进有利于增加合约总剩余的事前事后投资（卢现祥、朱巧玲，2012；袁庆明，2014）。

合约是交易过程中的权利流转关系，在一般的契约研究中，包含以下几方面的默认原则（卢现祥、朱巧玲，2012）：①合约的社会性，即合约是双方或多方之间的社会关系或人际交往，离开社会的合约没有任何意义；②平等是合约建立的重要原则，强调当事人的对等地位，只有这样才能达成一致意见并形成共识，以及具备约束力；③合约的签订还必须是自由的，当事人不应受到干预和胁迫，立法、司法、政府等都应当尊重自由合意，当事人也必须为自己的行为负责；④合约的签订还应当是理性决策的结果，坚持互利性原则，并在双方的合意点达成合约。然而在现实中，合约的签订、履行等并不完全与前述原则相符，也因此产生了大量的合约问题。典型的，合约中的平等性在很多场景下是不成立的，合约的签订也是不完全理性的，因此有很多合约问题需要研究和解决。

（2）合约理论的发展脉络及认知和行为转向

合约理论是法学、经济学等学科研究的重要内容。经济学中的合约理论，是博弈论的应用，用一种合约关系来分析现实中各种产品和劳务的交易行为，并设计约束人类行为的机制或制度，以便社会效益最大化（聂辉华，2017）。科斯的《企业的性质》一文开启了经济学领域合约的研究，在该文中科斯已经从合约的角度理解交易行为，并且暗示合约越不完全，企业就越可能替代市场。此后，合约理论向完全合约理论和不完全合约理论两个方向演进，针对信息不对称情况下的四种问题——道德风险、逆向选择、敲竹杠和承诺开展了丰富的研究（见图 2.2）。

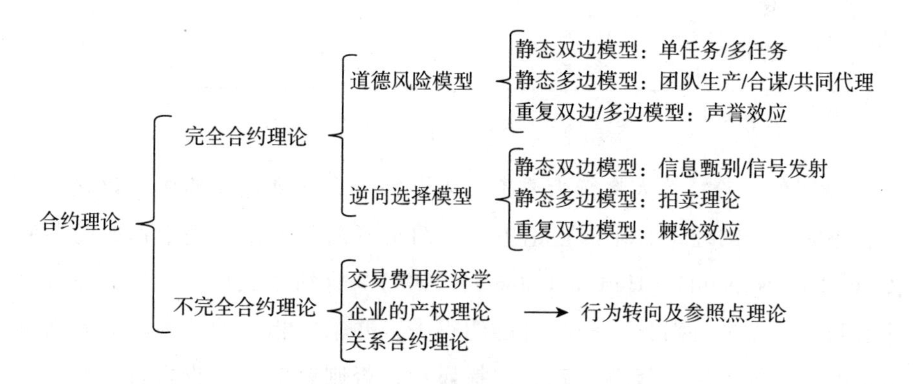

图 2.2　合约理论的发展脉络

资料来源：根据聂辉华（2017）文章中的内容修改。

完全合约理论的目标是解决信息不对称条件下的代理人道德风险问题。该理论假设当事人完全理性、委托人和代理人信息不对称、合约关键变量可证实。在此假设下，工资机制和风险分担机制成为主要的激励工具，以减少道德风险问题；但在信息不对称条件下，往往无法实现社会最优。完全合约的委托代理理论被广泛应用于组织内部的工资机制、工作分配、竞赛机制和寻租活动等领域，企业内部的公司治理、企业间交易关系及政府管制等问题都可用该理论分析（聂辉华，2017）。

不完全合约理论构成了现代合约理论的主体，它的主要目标是解决敲竹杠问题。有限理性、机会主义行为、关系专用性投资是不完全合约理论的主要假设。在前述假设下，一旦做出事前专用性投资，就可能面临敲竹杠行为（聂辉华，2017）。该理论主要包含两个分支：以威廉姆森、克莱因等为代表的交易费用经济学不完全合约理论，主张通过比较不同治理结构来选择节省交易费用的制度；以格罗斯曼、哈特和莫尔为代表的新产权学派不完全合约理论，主张通过某种机制来保护事前的投资激励（卢现祥、朱巧玲，2012；袁庆明，2014）。二者对合约不完全的来源的分歧，引发了其他方面的理论差异（见表 2.6）。

表 2.6　两种不完全合约理论的主要区别

理论分支	行为假设	信息假设	环境假设	不完全性来源	合约作用
新产权学派	充分理性	签约人与第三方不对称	风险	关键变量不可证实	最小化投资扭曲的激励工具
交易费用经济学	有限理性	所有当事人不对称	不确定性	有限理性	最小化交易费用的工具

资料来源：袁庆明（2014）。

2008 年，哈特等人将行为要素引入不完全合约理论框架中，建立了第二代不完全合约理论。在该理论中，合约是事前竞争性环境中达成的参照点（reference point）（Hart and Moore，2008）。合约达成后，合约人在行动中会与参照点进行对比，判断自己的得失，并采取相应的行为。如果当事人实现了合约约定的权益，就会选择履约，否则就会采取投机行为。在此情形下，最优的策略就是在保护合约当事双方权利和增加交易机会之间权衡（聂辉华，2017）。

（3）合约选择和设计的视角及思路

在完全理性、完全信息、无专用性资产的新古典完全竞争世界，风险的分配是完全的，合约的执行也是完全的，没必要谨慎地选择和设计合约来解决签约前后的逆向选择和道德风险等问题，因此合约的研究是没有必要的。然而，一旦脱离新古典模型，在有限理性、非对称信息、机会主义、资产专用性等要素影响下，交易费用就会严重影响合约履行，进而使得合约的选择和优化成为签约时的重要考量方面。从合约设计和完善的角度看，必须从不同的交易阶段、不同的影响要素，对合约进行系统的考察。为了解决不同阶段、不同类型合约问题，以降低交易费用为目标，张五常、威廉姆森、巴泽尔等经济学家发展了各种理论来指导合约的选择和设计（见表2.7）。

表2.7 合约选择和设计的指导理论体系

	可能问题	原因	工具
合约条款	形式、约期、使用条款、价格条款	—	张五常、巴泽尔等的选择理论
	治理结构	—	威廉姆森的选择理论
事前治理	逆向选择	信息不对称	代理理论
事后治理	敲竹杠	专用资产	不完全合约理论

第一，张五常：交易费用、风险规避与土地契约的选择。张五常对现代契约理论的最大贡献在于土地契约的选择和研究。张五常的研究主要集中在佃农经济下土地契约形式的选择上，即固定工资、分成合约、固定租金等价格条款机制的选择。张五常从交易费用和风险规避两个方面研究了农业土地合约选择，并提出了交易费用和合约选择的重要理论，在合约形式、约期长短、度量特质选择方面发表了重要论述（参见袁庆明，2014）。

在私有财产给定的情况下，所有权人可以选择不同资源组合，自然风险和交易费用是影响企业安排的最主要因素。一方面，在风险规避条件下，缔约方会通过信息搜寻、合约方案选择等方式规避风险，并从风险分担中获益。另一方面，每一种合约选择都有交易费用，投入产出物质属性差异、制度安排差异、谈判和执行度差异等要素会导致不同合约选择的交易费用存在较大差异，而交易费用会减少交易量、影响资源的使用和合约的选择。农业中的三种主要合约形式，在交易费用和风险分担方面存在差异（见表2.8）。综合交易费用和风险规避差异，风险既定，则交易费用可以降低生产性资产收益；交易费用既定，风险规避和资产收益波动负相关。分成合约风险分散导致资源的价格提高，较高的交易费用降低了其价值，因此合约的选择是在风险分散收益与交易费用之间的权衡（袁庆明，2014）。

表 2.8　张五常合约选择要素

合约类型	分成合约	固定租金	固定工资
交易费用	更多谈判和执行费用	较低	较低
风险分担	风险共担	佃农承担	所有者承担

资料来源：参见袁庆明（2014）。

张五常还提出了合约选择的履行定律和选择定律。履行定律是对合约客体特征与监管费用关系的描述。张五常指出，凡是被度量作价的属性，监管费用都较低；不直接算价的特质，监管费用较高。这就意味着合约签订后，履约问题往往发生在非价格特质条款上，这会造成代理人问题等合约事后问题。另一个重要定律是选择定律，即合约选择越多，监管费用越低。选择越多，由于竞争更为充分，交易费用得以降低；此外，不同选择还会相互影响产生示范作用，并导致交易费用下降。很多时候，政府管制、生产特性等会缩小合约的选择范围，因此会增加交易费用（参见袁庆明，2014）。

第二，巴泽尔：度量属性、交易费用及合约选择。巴泽尔从度量费用的角度研究了合约形式的选择（Barzel，1997）。包括土地在内的任何商品都是多种属性的集合，有些属性是可以轻易度量的，有些属性往往难以测度，或测度的成本很高。在不完全合约中，没有明确测度并予以确定的部分，事实上处于公共领域，合约双方都可设法攫取，会造成合约损失。而巴泽尔关注的正是在公共领域问题发生后，如何实现收益最大化？即设计出特定的合约形式，促使当事人对其行为负责。巴泽尔的解决方案是将易于当事人控制的属性的控制权分配给他们。巴泽尔其实研究了商品的复杂性导致的不完全性，并提出解决公共领域资源攫取造成损失问题的合约办法。这与后期哈特等人对控制权分配的研究其实是相似的，即控制权与资源的错配会造成事前投资的不足，也会造成事后攫取等行为的发生，进而造成合约损失；而有效的设计是，将产权作为激励工具，将其赋予易于控制（降低成本）或有投资激励的一方。

第三，威廉姆森：交易特征与治理结构的匹配。法院并不能为所有的合约纠纷提供解决方案，因此治理结构的研究是很重要的。以威廉姆森为代表的交易费用经济学家，就主张在合约不完全情况下，通过选择和优化治理结构来降低交易费用。通过对交易类型和治理结构的匹配分析，威廉姆森构建了一种基于交易费用分析的合约选择理论。威廉姆森认为不同的治理结构和合约必须与交易类型相匹配，这样才能使得交易费用最小化。威廉姆森从资产专用性、交易维度和交易频率三个方面考察交易，并对交易进行了再分类；在不确定性程度适中情况下，根据资产专用性和频率特征，将交易分为六种类型（见表2.9），资产的专用性对事后的交易费用有重要影响（Furubotn and Richter，2010；袁庆明，2014）。

表2.9 交易的六种类型

		投资特点		
		非专用	混合	特质
交易频率	偶然	购买标准设备	购买定做设备	建厂
	经常	购买标准原材料	购买定做原材料	中间产品经过不同车间

资料来源：参见袁庆明（2014）。

每一种类型的交易都需要有相应的治理结构和契约形式（威廉姆森认为合约结构和治理结构是一一对应的）。借鉴麦克尼尔三分法，将合约形式分为古典合约、新古典合约和关系性合约三种形式，并对应市场治理、三边治理、双边治理或统一治理（科层）等不同形式的治理结构（见表2.10）。这四种治理结构与交易频率和资产专用性是高度相关的。

表2.10 有效的治理模式

		投资特点		
		非专用	混合	特质
交易频率	偶然	市场治理 古典合约	三边治理 新古典合约	—
	经常		双边治理 关系性合约	统一治理 关系性合约

资料来源：Furubotn和Richter（2010）。

当然，现实中的治理结构不仅限于这四种，在市场和科层之间，还有许可证、出租、代理等多种非标准合约关系。从资产专用性角度看，投资的专用性越强，治理结构越偏离市场治理。

第四，哈特的不完全合约理论：从事前投资激励到刚性与弹性的权衡。不完全合约理论为产权提供了一个合理化的解释，被广泛应用于企业内部组织、产业组织等领域（聂辉华，2017）。20 世纪 90 年代，哈特等人提出了第一代不完全合约产权理论 GHM 模型，重心放在了权利配置和事前投资激励的关系上。在有限理性、机会主义和资产专用性假设下，事后敲竹杠行为在所难免，会形成激励扭曲并导致专用资产的事前投资不足，最终导致效率损失。而解决问题的办法是，发挥权利（产权、剩余控制权等）对当事人进行事前投资的激励作用。该理论由于存在诸多基础问题遭到完全合约理论学者的批判。2008 年之后，哈特等人在合约理论中引入行为经济学因素，重新解释产权和合约，开创了第二代不完全合约理论和产权理论。在此理论中，合约被当作竞争性环境下的参照点，如果事后实现了应有权益，就会选择履行合约，否则就会产生机会主义行为。在此情况下，最优的策略是在权利保护和增加交易机会之间取舍，即合约设计的刚性和弹性之间的权衡。

第五，信息不对称与激励机制的设计。现实中的代理问题是普遍存在的。代理合约理论关注各种信息不对称问题，并提供合理的合约设计方案。信息不对称大致可以分为两类，外生性信息不对称和内生性信息不对称，两者在现实中往往相互交织。从时间上看，包含事前不对称和事后不对称，分别对应逆向选择问题和道德风险问题；从内容上看，可产生隐藏行动和隐藏信息等问题。委托代理理论研究设计合适的合约激励机制，减少代理人的逆向选择问题。虽然委托代理理论被归结为完全合约理论，但它是建立在信息不对称和正交易费用基础上的。本质上，代理理论是降低信息约束产生的代理费用。根据 Jensen 和 Mcekling（1976）的定义，代理费用包含委托人的监督费用和代理人的保证支出以及社会剩余损失。这些费用代表着最优解与次优解的偏差，也是所有权和控制权分离的费用，代表一种特殊的交易费用。

2.3.3 心理所有权理论及其应用

虽然认知的重要性已经在产权分析和合约理论中得到了充分的体现，但这两个领域迄今并未发展出认知分析的理论和工具。这并不意味着对认知的探索是空白的，认知心理学的诸多概念和理论奠定了人类认知研究的基础，而在经济学其他分支中，认知规范化研究已逐步引入标准理论。组织行为学研究中的心理所有权理论便是研究权利认知的规范化工具。

（1）心理所有权理论——一个认知分析框架

心理所有权（Psychological Ownership，PO）是过去三十年在管理学领域，尤其是组织行为学研究中逐步兴起并产生重要影响的心理学构念之一（朱沆、刘舒颖，2011）。心理所有权概念最先由 Pierce 等（1991）提出，并且在市场、组织等研究领域逐步得到应用（Avey et al.，2009；Dawkins et al.，2015；Jussila et al.，2015）。

Pierce 等人将心理所有权定义为一种心智状态（a state of mind），这种状态是人类对所有权目标物或其一部分是“自己的”（即这是我的）的感觉（Pierce et al.，2001）。Pierce 等人也强调 PO 概念的核心是个体对占有的心理感知（it's mine），这个核心将其与组织认同等概念区分开来。PO 既是认知的，也是情感性质的；所有权的最终意义是反映了个体和有过密切联系的对象之间的关系。从概念上解析，心理所有权是个体对目标的占有心理，产生于个体自我与目标对象融合之时（朱沆、刘舒颖，2011）。心理所有权理论提供了包含“动机－路径－心理所有权－行为”在内的完整的心理权利分析框架（见图 2.3）。

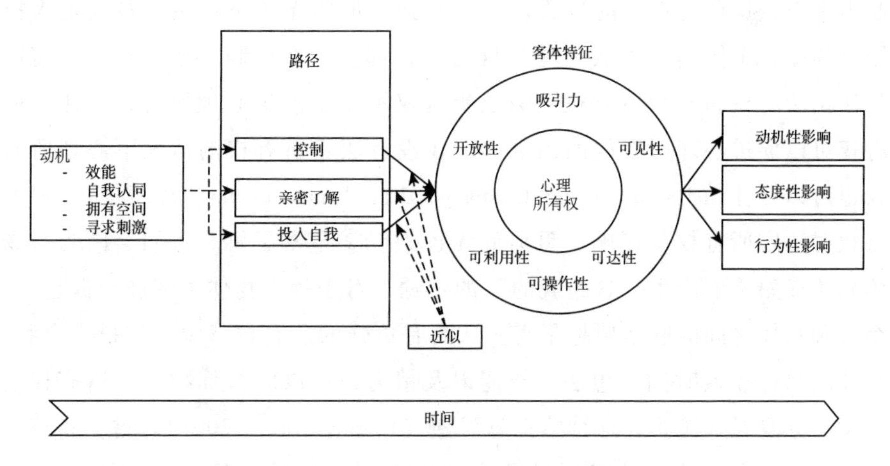

图 2.3　市场领域心理所有权理论的分析框架

资料来源：Jussila 等（2015）。

效能（efficacy）、自我认同（self-identity）、拥有空间（having a place）（Pierce et al.，2001）以及寻求刺激（seeking stimulation）（Pierce and Jussila，2011）是心理所有权产生的主要动机。需要强调的是，①动机可以在法定所有权缺失的情况下产生，在市场研究等领域，相关研究也是在无法定所有权假设下开展，现有的将PO引入市场的研究文献中都没有明确讨论法定所有权的角色（Jussila et al.，2015）。②空间动机是心理所有权应用到地理学分析的重要基础。由于占有可以满足领地需求，所以空间尤为重要（Porteous，1976），尤其是在物质性对象中，地理距离（如区位）很关键，距离越近，越容易产生占有感。因此，物理距离可以调节心理所有权驱动因素的影响。此外地点也具有社会属性（如每日活动空间），对于空间的感觉也跟情感和居民行为相关。地点（locale）的概念也表明，目标物离个体活动越近，个体越容易产生占有的感觉。对于空间的感知也说明人们对目标物的心理距离是不同的（如目标物对有些个体而言更具情感价值）。这样，嵌入了更多价值的对象更容易吸引相应个体，因此对于个体而言，更有意义的目标更容易成为心理所有权的对象。

Pierce等人提出了三种相互关联的心理所有权产生路径。①控制。所有权意味着有能力使用和控制物体，对物体的控制能逐步引起所有权的感觉，与身体组成部分一样，可以被控制的物体会被认为是自我的一部分，且控制力越强，这种对物体的自我认知也越强。那些无法被控制或被其他人控制的物体，个体则很难认为是其自己的一部分。在控制这条路径中，需区分法定所有权和心理所有权，法定所有权不一定产生心理所有权，法定所有权可以促进心理所有权的出现，但在没有法定所有权的情况下心理所有权也可以产生（Rantanen and Jussila，2011；Jussila et al.，2015）。心理所有权对法定所有权的影响，目前尚无探索。②亲密了解。人们会因为与物体相关或熟悉而产生“这是我的”的感觉，对于一个物体了解和掌握越多，个人和物体之间的联系便越紧密，从而有更强的所有权感觉。③投入自我。个体对目标投入时间、想法、技能以及精力，可以对目标物产生所有权的感觉，并且投入越多，这种感觉越强烈（Pierce et al.，2001）。这三条路径在不同学科关于占有心理学的研究中被发现，包括心理学、社会心理学、人类发展学和社会学等。对于不同个体而言，这三条路径是不同的（Jussila et al.，2015）。

心理所有权的形成需要一定时间。时间在几种动机中非常重要，正是随着时间的推移，个人与潜在心理所有权对象才发生交互并产生心理所有权（Pierce and Jussila，2011）。但是对于时间和空间的概念，之前的研究并没有特别说明。所有权的感觉并不是一个二分变量（dichotomous variable），个体不可能既拥有心理所有权又没有心理所有权，因此很难准确断言心理所有权产生的具体时间节点。只能说心理所有权的产生始于物体进入个人领域，且物体具有成为心理所有权对象的潜在属性的时候。跟时间相关的另外一个重要问题是，形成心理所有权需要多长时间，对此也无明确的结论，只能说心理所有权的产生需要一定的时间（Pierce and Jussila，2011）。环境因素在心理所有权形成速度和强度方面发挥着重要作用。此外，特定刺激直接反应型和长时间累积型心理所有权是否存在区别，也是值得研究的话题（Jussila et al.，2015）。

客体特征是心理所有权产生的基础。心理所有权的对象既可以是有形物也可以是无形物，其形成跟对象特征有密切关系，Pierce 和 Jussila（2011）对心理所有权目标物的特征进行了充分讨论。对于不同类型物体而言，其激发形成心理所有权的几种动机的潜力有重大区别，此外形成心理所有权的不同路径在不同类型物体上也有较大区别。基于这两方面的区别，可以界定出一些边界条件。吸引力、可达性、开放性和可操作性在心理所有权的形成中发挥着重要作用。如果目标物无吸引力，则不会引起个体的注意，心理所有权便无法产生；虽然有吸引力，但不可达（至少在智力上可达）的话，也无法产生所有权的感觉；如果不是有效的、可接受的、宜人的，则没法产生家的感觉；如果无法操作，就没有产生因果关系或个性化的潜力（Jussila et al.，2015）。

以往的组织研究已经发现了各种各样的心理所有权的影响因素，包含动机、态度、行为等。动机性影响（motivational effects），主要是指所有权动机（如效能、自我认同、拥有空间和寻求刺激）等反馈的影响（Pierce and Jussila，2011）；态度性影响（attitudinal effects）主要体现在基于情感和判断的工作满意度、情感承诺以及对支付意愿、组织自尊、个人责任等方面的影响（Pierce et al.，2009；Pierce and Jussila，2011）；行为性影响（behavioral effects），如工作绩效、组织公民行为、身份标识、求职行为以及反生产行为、知识囤积、防御行为、领地行为等（Pierce and

Jussila，2011）。

在心理所有权概念基础上，2004 年 Dyne 和 Pierce 建立了包含 7 个项目的心理所有权态度测量表。该表以占有为测量的基础，量表中使用了一些与财产和占有相关的正面词汇，如我的、我们的，测量项目例如“这是我的组织”“这是我的公司”等（Dyne and Pierce，2004）。7 个项目的内容效度由一个组织行为研究小组评估，小组认定这些项目并不代表其他理论领域的污染，也不代表 PO 领域的不足。基于三个独立样本的验证性因素分析（CFA）支持此次测量的同质性和单维性。此外，测试在每一个样本中都具有内部稳定性，且在三个月时间间隔内具备再测试的稳定性。近十年来，也有很多研究支持该量表的因子结构，这个量表也因此成为组织研究中心理所有权测量的最主要选择。实践中也由于因素负荷不足、表面效度较差、不同语言翻译困难以及测量集体或共有所有权需要等对该量表进行修正（Dawkins et al.，2015）。心理所有权态度测量表的进一步应用需解决文化差异问题，目前已有部分研究将 Pierce 等人的量表翻译为中文、韩语、德语等应用。总体而言，由于心理状态难以测量，目前尚未有普适的（文化、情景、对象类型）、成熟的量表。除对经典量表的直接使用或修正外，国内也有学者间接利用其他调研数据进行分析（储小平、刘清兵，2005）。在中文语境下，如何充分挖掘文化特征、语言特征从而构建适合中国文化的测量表是国内学者急需解决的问题。此外，目前的量表设计也主要针对组织研究，其他领域的极少。

（2）市场及自然资源领域的应用

近年来，心理所有权概念及其相关理论被逐步引入市场领域，但在此之前占有心理很早便被用于解释特定环境下的顾客满意度、客户关系、口碑、支付意愿及竞争阻力等行为。虽然现有研究在心理所有权塑造消费者感知和意图中发挥了重要作用，但其对顾客心理所有权形成路径的关注较为有限，通常难以解释心理所有权的形成机制。尽管管理学等领域认可动机在心理所有权形成中发挥了重要作用，但市场研究并没有过多考虑这类因素。此外，市场领域的研究对心理所有权影响的考虑也不足，导致错失了解释很多顾客态度和行为的机会（Jussila et al.，2015）。

在不同学科，自然资源的概念化往往不同，不同学科强调个体与自然资源关系的不同方面（Brehm et al.，2013；Smith et al.，2011；Trentelman，

2009）。自然资源相关文献中也包含含有心理所有权相关要素的概念，在这些概念中，情感的对象通常被视为一个自然的场所（natural site）或其解释。然而，这些概念难以包含占有感的全部要素，因此也很难作为一个完美的理论工具进行解释。因此，对于概念化和解释自然资源相关所有权的感觉而言，心理所有权是一个很有用的理论工具（Matilainen et al.，2017）。

在自然资源领域，用以解释与自然资源相关的情感和意义的常用概念有地方意义（place meanings）、场所感（sense of place）、场所依恋（place attachment）等。场所依恋往往包含两个维度，即场所依赖（place dependence）和场所认同（place identity）（林广思等，2019），这就与心理所有权的概念有了一些相似之处：无论是场所认同还是心理所有权中的认同都可成为个人身份认同的一部分。而场所感可以理解成一个多维的构念，包含个人与场所之间关系的信仰、对场所的感觉以及行为上对其他场所的排斥性等。与心理所有权相比，这三个概念聚焦于理解更加广泛和多样的人地情感联系，而不仅仅是占有。控制是心理所有权概念的核心要素，而在自然环境领域，场所依恋等概念广泛应用于解释自然资源管理中的反应行为，尤其是在娱乐区和旅游地，一般情况下人们没有直接控制自然资源使用的可能。场所依恋似乎针对特定的物理场所或其解释，而不是聚焦于自然资源，因此当研究与特定的物理空间不紧密相关时便无法发挥作用。除此之外，领地（human territoriality）、NIMBY（not-in-my-backyard）、访问理论（theory of access）也是重要的概念，且这些概念也与心理所有权相关（Matilainen et al.，2017）。

总之，已有的自然资源相关概念与心理所有权概念具有相关性，部分概念甚至与心理所有权具有相同的维度，但没有任何概念能包含心理所有权的所有要素。充分理解占有感觉的起源是非常重要的，包括其产生的内在动机和社会性动机，心理所有权有助于将其概念化。对于自然资源而言，心理所有权也提供了一个具有广泛应用前景的重要概念（Matilainen et al.，2017）。

2.4 研究评述及研究切入点

2.4.1 研究进展评述

（1）到期处置等现实问题的研究缺乏合约视角

作为国有土地治理体系中微观层面最主要工具的土地出让合同，对空间效率和到期处置有重要影响，然而并未引起足够重视，针对国有土地使用权到期等问题的研究缺乏合约视角。国内对于到期问题的研究主要集中在法学领域，虽然采取了丰富多样的方法进行分析探索，但仍然囿于法理系统的内部逻辑，无法形成有效的共识。年期和续期制度是最基本的空间产权制度，合约视角的缺失必然导致无法全面审视到期治理问题。此外，对于住宅使用权续期中收益分配等问题的学术探讨和政策争论，在不同群体中体现出了极大的认知差异，这种差异已成为影响制度设计和执行的关键，但对认知及其形成机制等缺乏探索。鉴于前述不足，到期治理等实践问题急需从合约和认知等视角予以分析。

（2）新制度经济学合约理论和出让合约的新制度经济学研究都缺乏空间性

一方面，新制度经济学合约理论虽然较为丰富，但都是一般化、普适性合约理论，并未将空间特征作为合约理论发展中的重要因素；另一方面，现有对于土地出让合约等空间合约的研究极少，且大部分是探索性质的，对于批租制合约的性质和结构、批租制合约的选择和设计、批租制合约的经济绩效、批租制合约对城市空间的影响、批租制合约的续签等问题都缺乏深入系统的探讨，且在分析过程中，都是应用新制度经济学合约理论，空间的特征、空间发展规律等要素并未有效纳入考虑范畴。然而，无论是作为商品的空间资源，还是作为复杂社会实践的空间生产，都体现出与普通商品和普通生产活动极大的差别，极高的复杂性和不确定性、空间相关的行为和认知特征、空间产权界定的相对性、空间的高价值高吸引特征、空间生产特殊的技术特征等诸多特点都会导致空间生产合约与普通合约有重大差别。因此，有必要将空间性融入合约框架，丰富空间研究和合约研究实践。

（3）社会空间观念提供空间、产权、合约和认知研究融合的基础

社会空间观念是地理学空间思想的重大转折，实现了空间与社会的辩证统一和相互融合，奠定了地理学从空间视角研究处理社会、政治和经济问题的坚实基础。在其基础之上，可以充分整合其他学科理论、技术和方法，将社会、政治、经济问题纳入“社会－空间”辩证统一的逻辑框架中，从空间的角度审视各类发展问题。虽然目前的理论无法处理产权、合约和认知问题，但在“社会－空间”辩证框架下，可以有机整合产权及相关理论，

进而进行空间合约和现实问题的分析：社会空间理念提供了社会实践生产社会空间的基本理念，而作为建构一切社会经济制度的基础，产权制度的变动影响着人们的行为空间和行为选择，而合约又构成了最完整的权利关系，也是最直接的管理工具和生产的制度结构。因此，可以将合约理论应用于空间生产，研究空间及空间生产特征影响下特殊的合约机制。

（4）产权和合约研究都呈现出了认知和行为转向

产权的界定具有相对性，产权规则的变迁往往是从非正式规则向正式规则的演化，而非正式规则受文化基础、心理认知等多方面因素影响，因此产权研究必须对构成非正式规则基础的心理认知进行分析和探索。合约构成了完整的产权关系，经济活动需采取一定的合约形式，将所有交易活动抽象为合约的选择、缔结和维护。与新古典经济学不同，新制度经济学研究不完全合约，关注不同信息假定、理性假定下的合约效率问题。此外，第二代不完全合约理论的行为转向，也在一定程度上契合了产权分析的认知转向，弥补了合约理论的不足，这使得合约分析框架可以完整涵盖产权分析的方方面面。

从产权理论和合约理论的研究进展来看，两者都体现出明显的行为和认知转向，人的认知和行为特征已经成为研究权利关系的关键。实践中，认知差异是最大的交易费用来源，协调好认知差异，既可以降低制度成本，也可以协调好各种社会、经济、政治关系。因此，研究打开认知和行为"黑盒"，了解其内在逻辑，成为破解产权困境的关键步骤。然而，现有的产权和合约理论中，对认知和行为的研究并未进一步展开，认知和行为内部仍然处于"黑盒"状态，产权和合约理论学者不关心认知和行为背后的逻辑。这种局限性严重影响了产权和合约理论的进一步发展，也使得理论的解释力和应用范围受限。组织的合约视角提供了链接心理所有权理论和产权认知分析的直接路径，其在自然资源等领域的应用也证明了将心理所有权理论引入土地产权研究的可行性。该理论提供了以"动机－路径－认知－影响"为线索的完整的行为和认知分析框架，有助于更好地理解权利认知和权利相关行为的发生逻辑。

2.4.2 交叉研究切入点

鉴于合约理论研究缺乏空间视角、土地使用权续期等实践问题的研究缺乏合约视角，有必要引入合约等理论分析空间生产的合约机制，并从合约角度对实践问题予以分析。根据文献梳理，产权理论、合约理论及心理所有权理论三者共同构成了以产权为核心线索，以合约为框架，以合约分析和认知为主要工具的理论体系和研究进路。将三者整合至"社会－空间"辩证统一逻辑下，便可构成空间角度探索解决到期治理问题的理论框架，这种整合可以从社会空间生产过程中考察空间生产的合约机制及制度自身的构建机制（见图 2.4）。

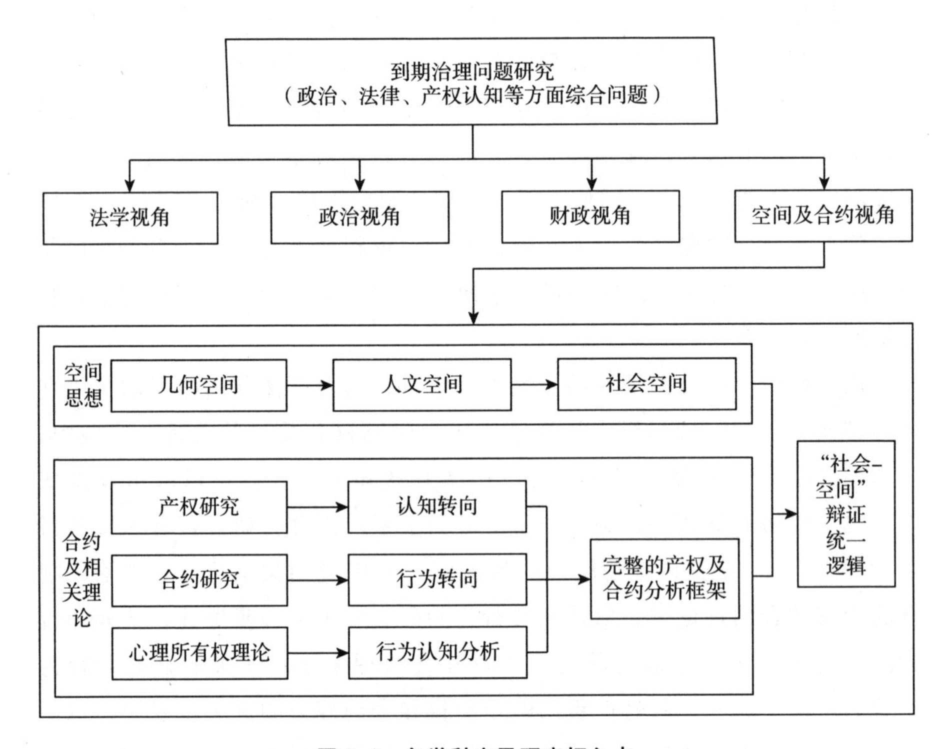

图 2.4　多学科交叉研究切入点

合约逻辑与法理逻辑、财政逻辑等形成了互补。土地部门以土地管理法为依据，谈使用权的归属和地价的缴纳；法律界则以法理逻辑分析国有土地使用权续期问题；财政相关学者关注续期对国有土地使用权财政收入的影响；地价学者研究地价的计收标准。虽然不同视角提供了不同的洞察和结论，但仍然缺少经济逻辑下的剖析和微观层面的效率分析。而应用合约理论的思想和方法，可以从资源配置效率和空间合约效率、空间生产效率角度探索国有土地使用权到期等问题，将交易特征、不完美信息、有限理性等要素纳入分析框架，使得交易费用、权利配置的激励作用等成为国有土地使用权续期制度建设的关键考量。在此框架下，土地制度安排成为空间生产合约的内生变量，而不是外部要素，有效率的制度安排内生于空间特征、权利人特征和合约结构。这对建立更加科学、稳定、高效的产权制度具有重大意义。

第 3 章

研究框架及研究区概况

本章首先从社会空间概念中寻找理论构建的线索，分析社会空间生产合约中的基本作用机制，并构建理论框架；然后以提高空间效率和解决国有土地使用权到期等实践问题为目标，设计实证研究；最后介绍研究区概况。

3.1　理论框架：社会空间生产的合约机制

合约构成完整的空间权利关系，是一切空间生产活动的参照点。对空间生产合约机制进行分析，必须分析社会空间的构成、发展机制及基本的生产过程，分析其中的权利和行为机制，在此基础上构建主要的合约互动机制。

3.1.1　社会空间：基本构成及发展机制分析

（1）社会空间构成分析

哈维的空间矩阵提供了空间组成分析的基本工具（Harvey，2008），不仅提供了对空间构成的分析（纵向上绝对、相对、关系三类空间），还内含社会空间发展机制（即列斐伏尔三元辩证机制）。本书应用哈维的空间矩阵透视产业用地上空间的基本构成（见表 3.1），并分析其发展机制。

第一，社会空间在纵向上主要由绝对空间、相对空间和关系空间构成。在绝对空间层面，土地、厂房、产业等构成产业空间的物质基础；在相对空间层面主要是交易流、产业链等；在关系空间层面，主要包含产权关系、产业关系、公共关系等。这些要素构成社会空间整体。绝对的物质性空间是

表3.1　产业空间的含义矩阵（示意）

	物质性空间（客观实体）	空间的再现（概念）	再现的空间（情感认知）
绝对空间	土地、厂房、产业	管理者：宗地图、规划图 权利主体：房产、地产	管理者：权力感、责任感 个人：固定空间带来的封闭感、对外界的排斥感、破旧危险感
相对空间（时间）	交易流、产业链	交通地图、拓扑地图	害怕迟到、降价及产业替代
关系空间（时间）	产权关系、产业关系、公共关系等	合同、登记证书、合约结构、心智结构/认知	我的土地、我的公司、我的厂房、自我认同；满足感；权威失去的担忧；对产权关系的认知

基础和载体，相对的空间是承载的经济社会功能的社会化（相对化），关系空间则是由围绕物质空间、相对空间的复杂社会关系构成，是产业空间社会性的主要体现。

社会空间非物质要素中，产权关系是最为核心又极为复杂的要素。一方面，产权关系是构建产业空间社会关系的基石，是社会空间在社会实践中进行生产演化的基本规范。另一方面，产权制度和合约约定共同构成社会空间中的合约产权关系（Furubotn and Richter，2010）。在我国，国有土地通过土地合约形式出让，土地使用权规则明确了对世的产权权利关系，而出让合约则进一步完善、明确了合约双方的权利、责任及义务以及双方的相互制约关系。合约中往往囊括了产权规则的主要内容，并增加了产权规则所不具备的内容，因此合约事实上构成了空间产权关系的整体。此外，除法定规则下的产权关系外，实践中还会逐步演化形成一定的非正式产权规则，并对空间生产产生重要影响，成为正式产权规则演化的基础。

第二，对社会空间的横向表述，则具有较强的主观性，不同的主体对其界定不同。专家学者、企业主、政府职员对产业空间不同维度的再现可能存在极大的差异。这种差异受其背景、经历、受教育水平、专业知识等多方面影响，进而影响空间的再现、产生不同的空间诉求和空间行为。无论是再现的空间还是空间的再现，都是实践主体对社会空间在概念、心理层面的再刻画，这种刻画是基于不同认知产生的，或者说有时候就是空间认知本身。空间实践过程中，空间的再现及再现的空间，其形式、内容都会对人的行为产生巨大影响，进而影响空间生产本身，即形成了“空间的再现/再现的空间—诉求—行为”的关系路径，甚至在某种程度上，空间的再现和再现的空间就是认知本身，因此空间的再现和再现的空间的方式与内容也能反映出认知形成的机制和路径。

第三，要素的多样性及异质性，导致社会空间及空间生产的复杂性。哈维的辩证透视提供了对空间的复杂认知，能够辨别出空间的构成要素。但从整体角度看，不同要素都统一于社会空间本身，而作为整体的社会空间，具有明显的复杂系统特征：构成要素极多且要素异质性较高，使其生产机制极为复杂；产业用地空间生产，既是物质性空间的生产，也是社会关系的生产；各个子空间的生产，既相互联系，又独具特色；不同空间要素的生产主体、生产机制、生产模式都存在差别。如土地权利人、投资方、建筑单位、设计单位等共同生产了建筑空间，由于产业类型较为丰富，产业空间中的建筑空间也存在较大差异。正是不同类型空间在生产模式等方面的差异，导致空间内部产生差异和矛盾。

（2）社会空间发展机制的辩证解释

哈维关于空间的概念矩阵（Harvey，2008）是基于马克思主义实践观念和辩证方法，对以往空间认知的一种系统集成，是对社会空间的系统性透视。对于空间的发展机制，该矩阵虽然只表述了列斐伏尔空间生产理论的经典解释，但从不同角度透视，也蕴含着不同解释，这些解释可以为理论的探索提供借鉴。多个角度辩证透视是从部分的角度予以研究，而整体透视也能提供诸多的理论线索。应用辩证唯物法及系统论对其进行透视，能从整体上把握社会空间发展的基本规律。从整体来看，该矩阵既反映了社会空间这一实在的基本组成，也描绘了社会空间演进的基本规律。

第一，社会空间在要素互动中演进。空间概念矩阵纵向上刻画了社会空间的组成要素，绝对的物质性空间、相对的流空间以及经济社会关系空间都统一于社会空间这一复杂的客观实在。一方面，不同空间要素差异性极大，无论是绝对的地理空间、建筑物，还是相对的流空间以及复杂的社会经济关系空间，都有其自身构建、演变的发展特征；另一方面，各要素共同构成了社会空间这一整体，在社会空间这一整体中不断演进和发展，其相互之间也必然存在千丝万缕的关联，要素之间的协同性、紧密性成为社会空间整体发展质量的重要方面。

虽然社会空间内部要素异质性极高，但也服从社会空间整体发展规律。

各要素之间有机衔接、相互协调，统一于社会空间整体，则系统整体演进和发展良好；而要素之间相互脱离，无法有机统一于社会空间整体，则内部必然产生结构性的矛盾，使得社会空间出现各方面问题。而正是这些要素矛盾构成了社会空间演进的主要动力，使其在“要素协调统一——要素分化—再协调再统一”这一过程中不停地发展。

第二，社会空间在实践与认知的交互中演进。社会实践生产社会空间，而人是社会实践的主体。这就决定了人类对社会空间的认识及其与社会实践的结合对社会空间的发展具有决定性作用。“物质性空间、空间的再现、再现的空间”（列斐伏尔，2003）这一维度形象地描绘了社会空间发展演进的历程，即认知与实践的交互过程。

首先，社会空间生产过程也是实践主体认知生产的过程。“物质性空间、空间的再现、再现的空间”这一维度体现出人类主观能动性在社会空间演进中发挥作用的主要机制。在社会空间演化中，人类对于社会空间的概念化及对空间的情感联系和再表达，构成了人类对社会空间认知的外在体现。在这一过程中，基于物质性空间（体验性空间），实践主体在知识构成、心智构成等要素共同作用下，形成了概念化的空间观念，并基于情感联系等要素对空间再表达。这种表达是实践主体在长期实践过程中形成的，是对物质性空间的主观再造。无论是社会空间自身，还是社会空间内部矛盾，都已深深烙印在实践主体内心，实践主体对其进行的丰富的、差异化的表达，是对空间的符号化和意象化，实践主体通过不同的表达方式支配和使用空间。

其次，实践主体的认知及诉求通过实践行为影响空间生产。从行为心理学角度来看，人的行为受其认知及客观条件的共同影响。一方面，空间归属、情感等多种类型的表达中蕴含了人类行为的诸多动因，并产生诸多的主观诉求。另一方面，在面临诸多行为选项时，这种诉求就成为影响实践者具体行为的关键变量，成为建设和改造社会空间的重要力量。在特殊情况下，甚至成为社会空间实践成败的决定性力量。认知与诉求能使社会空间内部矛盾显化。

最后，社会空间在认知与实践的交互中不停演进。从社会实践主体的主观角度出发，社会空间的矛盾演进就体现为“社会空间实践—社会空间认知—社会空间再实践”的循环过程。人的认知源于社会空间实践，而社会空间及其内部的结构性矛盾，也通过空间的认知和表达而得以显现。从这个角度透视社会空间的演进，人类（即实践主体）自身主观能动性发挥作用的基本机制也得以显现，人的心智及行为对社会空间的影响机制也逐步清晰。

总之，概念矩阵中蕴含着基本的行为心理学逻辑。首先，空间的再现和再现的空间，都有一定的主观成分，都是通过实践主体的主观处理，即通过其心智构念（mental constructs）加工过后呈现出来的。其次，空间的认识不同会产生不同的动机，进而在面临改变时，会产生不同的空间行为。此外，由于产权关系是约束实践主体行为的基本社会规范，所以在此过程中，产权关系的认知及其变化，发挥着至关重要的作用。

第三，时间是影响社会空间演变的重要变量。和空间一样，时间是事物存在的方式。随着时间的演化，社会空间的实践主体、物质基础、政治和经济等各类关系都动态变化（蔡晓梅、刘美新，2019）。社会空间的发展与演进是一个动态的过程，时间、空间都统一于社会实践本身。无论是要素交互中的演化还是认知与实践交替中的演化，都统一于时间自身，时间要素对社会空间的影响主要体现在以下几个方面，

首先，社会空间内部各要素具有不同的发展周期。社会空间内部各要素具有一定的差异性，其发展周期不同，典型的如认知的形成和发展周期与权利周期、建筑寿命（即存续和利用周期）存在差异，物质空间的建筑物寿命与产业发展周期存在差异，产权的存续周期（年期）与产业发展周期、建筑物寿命存在差异，规划周期与权利周期存在差异，等等。不同的发展周期使得社会空间内部极难协调统一。而社会空间整体演进又内在要求各周期统一于社会空间发展周期自身。

其次，时间决定社会空间要素分异度及协调度。一般而言，在社会空间发展的初始阶段，内部各要素之间是统一协调的。从最原始的绝对空间到空间的社会化后形成社会空间，再到社会空间的逐步发展，由于内部要素之间的特征差异，社会空间内部各要素逐步分化并产生矛盾。从融合到分异过程中，时间的长短决定着分异的程度和矛盾的大小；而在矛盾化解的过程中，时间也决定着社会空间内部要素融合的程度。

最后，时间影响空间认知的变化。对社会空间的呈现和再现是一个主观的表达过程，是基于社会空间的客观实在，在人的心智构念和外部要素

影响下共同塑造，并最终成为人的心智构念的重要方面。这个过程也受时间长短的影响，且认知的形成周期受人自身的认知能力等多种因素影响而呈现差异化的特征。以产权关系为例，对权利关系的法权表达虽然是相对稳定的，但通过合约透视便可发现，随着时间的推移，在不同的行为模式及呈现形式下，认知的产权关系会发生变化，进而影响人的行为。

（3）时空矩阵蕴含的理论线索

前述对社会空间发展机制的基本分析反映出实践主体对社会空间生产具有重要作用；而这种作用是在产权关系约束和认知影响下，通过人的行为而产生的。一方面，作为最根本行为准则的产权关系，明确了实践主体之间的权责关系，构成了社会空间实践的最基本规则。从社会空间理念出发，产权本身就是社会空间的重要组成部分，约束着社会空间实践主体的行为，进而影响空间生产其他方面。另一方面，空间实践本身会产生新的认知，即生产认知，而认知又会在实践过程中反作用于空间生产和产权关系，即法定权利与权利认知之间是存在通道的。

前述过程反映了产权关系、空间生产、权利认知三者之间紧密的互动关系，三者通过实践主体统一于社会空间实践本身，构成了“产权－行为－认知”三位一体作用机制（见图3.1）。然而，现有的社会空间理论，尚无法规范化处理产权关系和认知关系，也无法在保留空间性的同时将其纳入经济学分析框架；而经济学理论又无法处理空间特征。因此，应用规范化分析框架，对“产权－行为－认知”关系进行分析，就自然成为理论探索的重要路径。

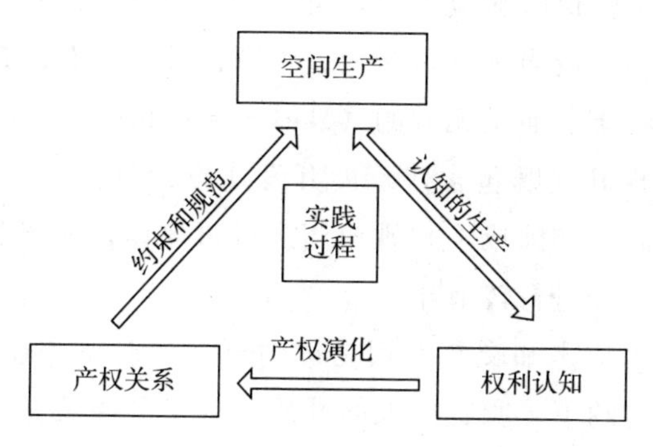

图3.1　“产权－行为－认知”作用机制

3.1.2 生产过程：物质空间生产与认知构建

本书在社会实践生产社会空间理念下使用已有空间开发建设相关术语。根据前述空间构成分析，最基本的空间生产包含三个方面，即物质空间生产、产业生产和认知及权利关系生产。空间生产是一个动态的过程，从具化的实践来看，可能包含新的开发、现有空间的改进、空间的再开发等行为。空间生产是在企业、政府等主体共同参与下进行的，在每一个环节，空间生产主体都必须就是否进行生产（成本－收益对比）、时机的选择、如何生产、如何分配等问题做出决策（Harvey and Jowsey，2004），这些因素都可能对空间效率产生影响。

（1）空间的开发与产业的发展

国有土地出让后空间的开发与产业的发展是新的土地供应后的初次空间生产。在签订合约时，双方已就该土地的最佳用途、最佳开发密度、建设计划、附属义务等进行了约定。合约的约定是依据城市规划来确定的，假定是社会最优的安排（此处不对城市规划的性质及其必要性进行论述），然而在开发和发展过程中，土地权利人可能会发现更加有利的选择，这与合约约定和社会最优是不符的。空间合约必须对此类行为进行治理。一方面可以通过约定要素、约定方式的选择来进行；另一方面可以选择最优的约后治理机制。

（2）再生产的时机选择模型与生产结构

一般而言，当现有的土地利用未来净收益回报预期现金流的现值低于已清理地块的资本价值时就应当进行再开发。简言之，就是再开发的收益大于现有收益时，就应当进行再开发；否则，虽然现有建筑和产业仍然能产生收益，但在经济层面是无效的（Harvey and Jowsey，2004）。就空间生产而言，广义的再开发既包含建筑的开发建设，也包含产业的发展转型，即新建筑收益更高（扣除成本）则应当进行再建设，新产业收益更高（扣除转型成本）则应当进行转型升级。

再生产的技术成本和交易费用是影响再生产时机和速率的重要因素。在我国，在批租合约下，所有权人的性质决定了其决策是从社会最优角度做出的。首先，政府决策的机制极其复杂，其决策的合理性、公信力等都可能对空间再生产的实际进程产生影响；其次，使用权人无须从社会最优角度进行决策，这就导致社会最优选择与合约自身的市场经济价值并不一定相符，双方可能会产生矛盾和分歧；再次，合约超长周期、权利分配结构等要素可能会引起交易费用，并影响再开发的进程；最后，再开发的生产结构也会影响其可行性，并可能导致效率损失。

从社会整体出发，理想状况下在新的最优选择出现时立即进行再生产是最优解。然而，由于交易费用的存在，再开发的成本极高，可能会造成进程的延后甚至无法进行再开发，这些都会造成社会损失。

（3）产权关系和权利认知的生产

作为社会空间组成部分的产权关系，既是社会空间生产的基本规则，也是社会空间生产的对象，二者相互作用。一切社会空间实践都是在产权关系约束下开展的，而社会空间实践又会通过实践主体的认识变化和博弈行为产生新的产权关系。与社会空间内部其他要素的生产不同，权利认知的生产是一个心理过程，即认知生产是心理构建过程，因此对其也必须用认知心理学理论予以分析。

3.1.3　合约机制："合约－行为－认知"互动机制

本书利用合约理论分析社会空间中的"产权－行为－认知"作用机制。根据合约理论（Furubotn and Richter，2010），合约关系构成了完整的产权关系，明确了各方的行为边界，是各方行为的参照点，约束着空间生产实践行为；一旦事后预期与合约参照点不同，就会产生投机行为（聂辉华，2017）。产权具有多义性，实践中除了法权之外还会产生认知权利，成为新的合约参照点（或心理合约）。这种认知参照点也会影响实践主体的行为，一方面影响空间实践本身，另一方面会通过博弈上升为新的合约规则。前述逻辑构成了"合约－行为－认知"辩证统一作用机制，使得空间生产、合约关系生产相互作用，共同推动社会空间自身发展（见图3.2）。按社会空间构成，合约产权关系原本构成了社会空间要素，但此处需将其独立出来，探索产权与其他维度实践活动的关系。

在此作用框架中，有两条主线：一条是空间生产（不含权利关系），即合约约束下的空间生产实践，包含物质空间、产业空间等方面的生产；另一条是权利关系生产，即合约影响下权利认知的生产及通过认知博弈构建新的合约关系。这两条主线相互交织，合约约束下的空间生产实践本身也

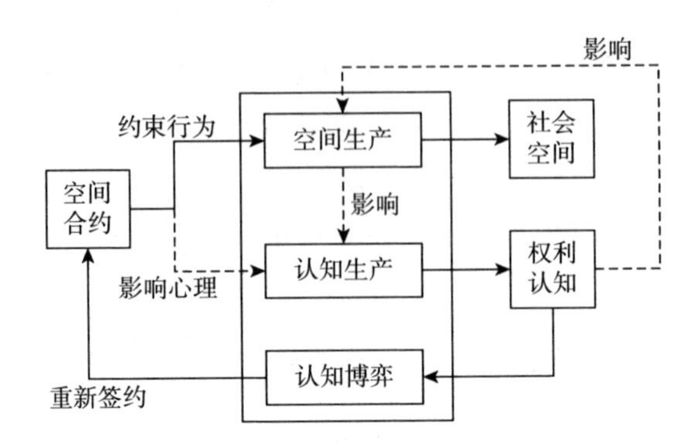

图 3.2　“合约 - 行为 - 认知”互动机制

是心理建构的过程，而心理建构的结果也会直接或间接作用于空间生产，这种相互作用使不同主线统一于社会空间实践本身。

（1）合约机制约束下的社会空间生产机制

交易是一切经济活动的最基本单位，新制度经济学以交易为基本分析单位。此处的交易并非狭义的商品交易，而是一般化的基于理性决策的交换行为，生产活动便是一系列理性交易的组合（卢现祥、朱巧玲，2012；袁庆明，2014）。对交易的泛化理解，使得生产活动和商品交易一样被纳入统一的经济分析框架，也赋予了二者相同的动力机制，即利益驱动下的理性行动，而合约机制为市场主体提供了激励和保障。合约是交易的微观制度结构，明确了交易双方的权利和义务，协调双方关系、规范双方行为，为双方提供稳定的激励和预期，从而使得交易成为可能（Furubotn and Richter，2010；卢现祥、朱巧玲，2012；聂辉华，2017）。生产性合约的基本机制是为合作生产提供制度保障及行为激励，通过明确合约方的权利义务，使得复杂的生产活动成为可能。

社会空间生产合约也为理性人之间的分工合作提供激励和保障，进而促成复杂的社会空间生产活动。在合约机制下，各方拥有理性的产出和收入预期，投入不同资源，共同合作开展生产活动。无论是物质性空间的开发建设，还是产业空间的发展，都是在合约机制的作用下完成的。合约机制的关键在于确保各方按约定行动，然而合约机制本身是有成本的，这也导致社会空间生产活动中的各种问题的产生。因此，必须结合社会空间生产特征，设计合约组成结构、治理机制等要素，进而提高合约效率和空间生产效率。

不同的生产活动需要不同的合约机制，不同的合约机制也形成不同的生产结构。社会空间生产特征使得社会空间生产合约与普通生产合约区分开来。例如，空间生产活动往往不是瞬时完成，在此过程中不确定性、不对称信息、专用性资产等会导致严重的机会主义行为产生，使得合约履行的成本增加，进而影响生产效率。这样既将空间生产活动纳入了标准的经济学分析框架，也可以保留对空间特征的考察。

（2）权利关系的生产机制（认知生产和认知博弈）

与空间生产活动不完全相同，认知生产是个心理建构过程，这个过程受合约约定影响，但并不是依合约开展，某种程度上可以说是合约约定事项的副产品。心理所有权理论框架可以解释认知的产生及行为影响，权利认知生产和认知博弈都蕴含在“动机 - 路径 - 认知 - 行为”权利关系生产路径中，而空间特征和空间生产特征是这一切发生的基础。认知形成基础方面，空间的开放、吸引、可见、可利用、可达、可操作等特性，使其很容易与实践主体产生心理和认知层面的关系（Jussila et al. , 2015）；认知形成动机方面，空间的价值本身就可满足实践主体效用和获取空间方面的需求；认知形成路径方面，在空间生产过程中，实践主体控制、投资、长期接触土地以及创造空间等行为，很容易产生对空间的特殊认知。此外，时间认知的形成、强化具有重要的作用，对对象的控制、使用和投资时间越久，特殊认知的感觉越强烈；而某种特定的认知一旦形成后，利益诉求、情感诉求等都随之而变，进而实践主体的行为也会发生变化。当权利认知与合约约定不符时，便会通过机会主义、谈判等方式进行博弈，进而产生新的合约规则。

前述认知形成过程与社会空间其他方面的生产过程是耦合在一起的，即在空间生产过程中，权利认知会发生改变，权利认知的变化会影响实践主体行为，并导致合约关系变化，进而反作用于空间生产本身。这是一个循环的过程，合约建构与空间生产相互作用、相互影响，共同统一于社会空间实践。

3.1.4　效率评价标准：交易费用、生产效率及一致性

（1）交易费用标准及其问题

西方经济学中有两个主要的效率评价标准，即作为资源配置效率评价

标准的帕累托最优和作为微观层面企业生产效率评价标准的投入产出比。无论是产权制度安排还是微观尺度的社会空间系统，从其自身发展和运转角度出发，都是微观层面的效率问题，因此都可以用投入产出比进行效率评价。一般情况下，不同产权安排的效率有两种比较方式，固定效用比较成本和固定成本比较效用。现实中，由于不同人对效用的看法存在较大差异，因此成本比较成为合约和产权安排效率比较的重要方法。合约产权成本由两大类组成，包括制度本身建设的成本（产权的界定、划分、保护、监督实施等）以及产权安排下经济活动的交易成本。清晰界定产权、构建有效的激励和约束机制、适时解决纠纷使外部性内部化等是降低交易费用和产权成本的主要手段（袁庆明，2014）。

交易费用是合约和产权效率的重要评判标准。在新古典主义的完全竞争世界（完全理性、无机会主义），风险配置和合约执行是完全的，不存在机会主义行为，合约也自然失去了存在的意义。然而在真实世界中，交易是有成本的，交易合约的拟定和执行受交易费用的影响（袁庆明，2014）。根据威廉姆森的分类，交易因素（资产专用性、不确定性、频率）和人为因素（有限理性和机会主义倾向）是影响交易费用的最主要因素，在这些因素影响下，事前和事后可能产生各种类型的交易费用：事前的交易费用是合约起草、谈判等签约成本；事后的交易费用及实施成本，具体包括监管、制裁费用等多种类型（卢现祥、朱巧玲，2012）。

然而，交易费用难以完全满足空间生产合约效率评判的要求。一方面，交易费用很难测度和很难比较（无可比较对象）；另一方面，交易费用难以作为生产性空间合约的评判标准。按照交易费用标准，一切以合约的完全履行为主要标准，合约没有履行即意味着产生合约损失。这种假定，很多时候含有产权规则是外生的假设，即产权规则是无法调整的，也含有合约约定是长期社会最优的假设。然而，对于土地出让合约而言，这两方面都是不成立的：首先，空间合约中产权规则不完全是外生的，土地产权规则的不完备性使大量合约权利注定存在，而自上而下制定的产权规则中，也留下了弹性的合约空间；其次，由于空间的复杂性和演化特征，社会最优是个动态演化的标准，这就要求产权关系具有一定的弹性空间，以适应社会空间生产，尤其是在长期的合约关系中，更加需要注重产权规则的设计。

前述特征的一个理论线索是交易费用不是合约评判的唯一准则，必须从合约关系与空间生产适应性的角度，全面审视社会空间生产效率（产出）和社会空间生产中的交易费用。只有生产效率能最直接反映出合约约束下社会空间生产的结果（效用），而交易费用能从一定程度上反映出生产的费用。

（2）无论是生产效率还是交易费用，对比和分析都需要一定的表征

本书将参照点（合约约定）与空间实践的一致性作为检验社会空间中产权关系效率的重要标准。从社会空间角度出发，产权研究的目标是处理好产权关系与空间实践之间的关系，使得产权关系能较好地支撑空间实践。从这个角度出发，产权约定与空间实践之间的一致性，可以更为形象、直观地反映出产权关系与社会空间的关系。因此，本书将产权约定与社会空间实际发展行为之间的一致性作为判断问题的准则。最优状态是产权约定与社会空间实践的方方面面相一致，而最差状态则是产权约定与空间实践完全背离，在此情况下，空间实践可能因为产权关系的存在而产生交易费用；产权的实施，也可能因为空间其他维度的发展而产生交易费用。

一致性准则与交易成本并不矛盾。如产权约定与社会空间其他维度的发展保持一致，则空间生产本身不会因为产权规则产生交易费用；而一旦发生不一致，则会产生交易费用。对于社会空间整体而言，不一致导致的空间生产成本是社会空间生产和发展过程中，各个层面的交易费用。从产权关系单独来看，是合约履行的成本，而从空间的其他维度来看，则是空间实践的成本。综合起来，则是社会空间各个维度产生的总体交易费用。

一致性没有假设合约约定为社会最优。从合约角度出发，一致性意味着合约方都按合约约定执行，而不一致则是合约双方的违约行为或合约不完全。这种违约有的是机会主义行为导致的，也有的是客观发展规律导致的。合约达成后，中间任何与合约约定不一致的行为，都可以说是违反交易，即无法按约定交易。而为了使约定和实际行为相一致，要么修正行为使其按约定执行，要么修改合约条款，这两种方式都会使合约继续履行。而实际行为与约定行为靠拢，就是达成交易，一致性意味着交易的持续完成。不一致向一致靠拢的成本就是交易的成本，即治理的交易费用。

一致性准则具有独特的空间性。一致性意味着产权约定与社会空间系统其他层面无冲突，即产权关系能很好地支撑社会空间方方面面的实践。

而一旦产生不一致，要么产权关系难以按约定维持，要么社会空间的其他方面实践需违背其自身规律，按约定执行。不一致本身可能是产权的规则与空间实践的客观规律不符合，如产权年期与建筑物寿命或产业周期不一致；也可能是产权规则不完备，如我国国有土地使用权到期后收益分配的具体规则尚未确定，导致产权关系无法有效协调社会空间上的收益分配实践；还可能是社会空间其他方面发生变化，与原始的产权约定不一致，如规划对土地用途的改变，可能导致原始约定的用途与规划实践确定的用途不一致。

不一致性中蕴藏着非正式规则。不一致性意味着空间实践与产权关系存在冲突，这种冲突可能是合约主体的机会主义行为，也可能是产权约定不符合实际的不可抗力导致。不一致并不意味着空间实践的终止，相反空间实践过程中，本身会生产产权关系，非正式的产权关系就这样慢慢产生。这些产权关系可能是以违约违法行为或非正式的认知、表达等形式表现出来。在不一致协调中，正式规则与非正式规则之间的差异大小决定着交易费用的大小，如果非正式规则无法上升为法定规则，则实践中需要通过微观层面的沟通协调来进行空间治理；而一旦上升为法定规则，则会大大降低不一致治理的成本。因此，如何发现非正式规则和认知权利，是社会空间治理的关键。

从产权关系角度，社会空间治理就是要提高产权关系与其他维度的一致性。一致性意味着法定约束与具体实践之间的切合与协调，也意味着交易费用的降低。因此，研究产权制度与社会空间治理，很重要的一方面就是分析空间实践与产权约定之间是否一致，如不一致，则通过一定路径协调产权关系与空间实践，使其保持一致，进而使得社会空间系统效益最大化。不一致发生的时候，调整的方向可能是多种多样的。完全向产权约定方向调节、完全向社会空间其他方面的具体实践调节是关系调节的两个极端，而很多情况下，调节可能是在中间地带。具体往哪个方向调节、以何种方式调节，需结合产权与空间实践矛盾的具体性质进行分析。具体判断可能涉及决策中的取舍和价值判断，如优先公共利益还是优先个人权益保障、优先产业发展还是优先产权实施。

3.2　实证研究：合约及其到期问题分析

空间生产的合约机制，既影响空间生产效率，也影响土地控制权和收益的分配。①无论是新供应还是国有土地使用权续期，合约周期、支付方式、对要素的约定方式等合约形式和结构问题都是影响空间生产效率的关键。因此，有必要研究合约的结构和形式，对其进行优化，并在此基础上提出合约完善的建议。②在空间生产过程中形成的权利认知，会带来两方面的问题：一是如何设计合约机制，使得权利认知与合约约定保持一致（即参照点和认知一致）；二是当权利认知和合约约定不一致的时候，如何进行处置。权利认知问题会对国有土地使用权是否续期、续期后按何种标准收费、土地收回、收回后的补偿标准确定等环节产生重要影响。因此，必须对认知的构建机制进行分析，进而提出合约完善建议和到期处置建议。从“合约－行为－认知”互动机制来看，一方面是对“合约－行为”作用机制的研究与分析，另一方面是对“认知－行为”作用机制的探索（见图3.3）。

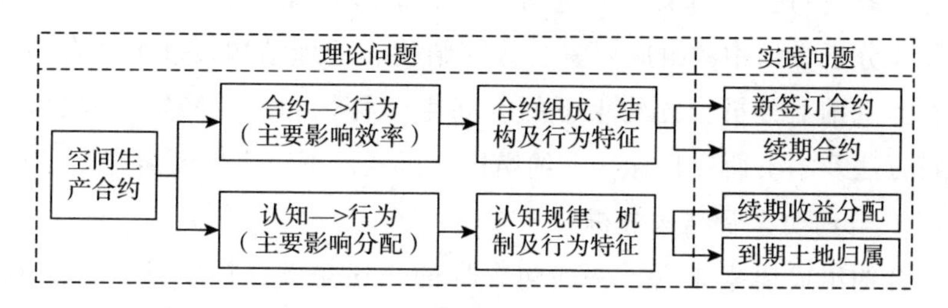

图3.3　合约机制与空间实践关系

前述问题的探索，构成了基于“合约－行为－认知”研究框架的分析路径（见图3.4）。根据该分析路径，本书实证研究从三个方面展开（见图3.5）：①研究空间生产合约的结构和特征，这构成后续研究的基础；②研究优化空间生产合约，这是提高空间生产效率的关键，也是确定续期年限等要素的关键；③研究合约权利认知形成机制及到期后合约剩余分配问题，这是解决合约终止和续期收费标准问题的关键。

3.2.1　空间生产合约的结构与特征分析

空间生产活动中的权利关系远比产权规则约定复杂，且都以合约权利

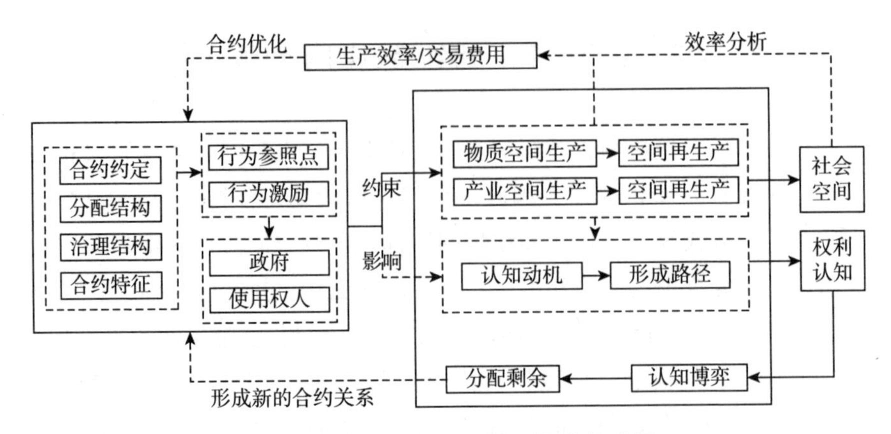

图 3.4　合约视角下的到期问题分析路径

义务关系的形式体现；合约的性质、结构、特征是到期治理的关键。因此，从合约理论角度出发，首先需要回答土地出让合同是什么样的生产合约，具有什么特征？基于合约性质和特征，空间生产及到期治理有何特征？针对这些问题，本书从空间生产的基本特性出发，分析空间合约的结构及特征，并研究空间合约约束下的空间生产和治理特征。按合约分析的一般思路，需要分析合约中的组成要素、分配结构、治理结构及基本的合约特征，然后在此基础上分析合约约束下的空间生产特征和治理特征。根据合约理论分析方法及本书研究目标，合约结构分析从以下三个方面展开。

（1）合约要素及结构分析

从合约组成要素来看，一般包含标的描述条款、价格条款、使用条款等内容。从不完全合约理论角度，事前主要是产权中的剩余控制权和剩余索取权的合理分配，并提供有效激励，即权利和收益分配结构；而事后主要是合理的治理机制，防止“偷懒”“敲竹杠”等机会主义行为，降低各种不确定因素发生后的交易费用（周耀东，2004）。可见，土地合约既需要安排好产权关系提供激励工具，也需要安排好事后的治理机制。此外，由于合约内容是法定产权规则和特殊约定规则的组合，因此在对合约结构分析之前，要对治理体系和产权规则的演变进行分析。

（2）合约特征分析

受交易环境、空间特征等的影响，合约对要素的约定、合约结构等内容体现出不同的特征。因此空间生产合约特征的分析是其区别于其他合约的

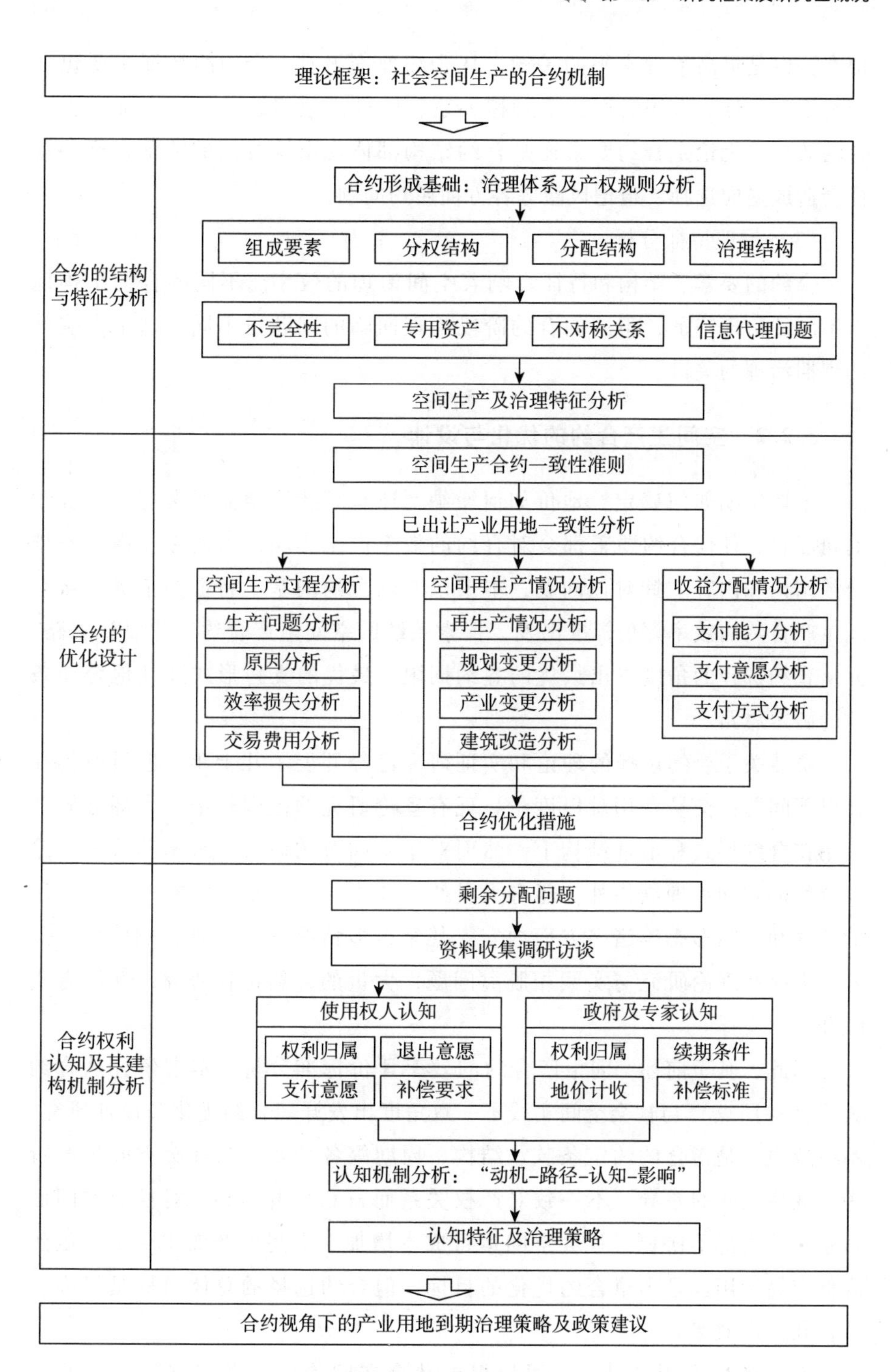

理论框架：社会空间生产的合约机制
合约的结构与特征分析
合约形成基础：治理体系及产权规则分析
组成要素
分权结构
分配结构
治理结构
不完全性
专用资产
不对称关系
信息代理问题
空间生产及治理特征分析
合约的优化设计
空间生产合约一致性准则
已出让产业用地一致性分析
空间生产过程分析
生产问题分析
原因分析
效率损失分析
交易费用分析
空间再生产情况分析
再生产情况分析
规划变更分析
产业变更分析
建筑改造分析
收益分配情况分析
支付能力分析
支付意愿分析
支付方式分析
合约优化措施
合约权利认知及其建构机制分析
剩余分配问题
资料收集调研访谈
使用权人认知
权利归属
退出意愿
支付意愿
补偿要求
政府及专家认知
权利归属
续期条件
地价计收
补偿标准
认知机制分析："动机–路径–认知–影响"
认知特征及治理策略
合约视角下的产业用地到期治理策略及政策建议

图 3.5　实证分析框架

根本，也是提高治理水平的关键。从合约理论来看，合约的特征主要包含合约不完全性、专用资产、不对称关系、信息代理问题等，这些都会影响合约效率。无论是合约要素还是合约结构都体现出这方面的特征，这些特征会造成逆向选择、道德风险等各方面履约问题。

（3）治理特征分析

合约的要素、结构和特征影响着空间治理的效率。不同的合约结构拥有不同的治理特征，不同的合约阶段治理面临的问题也不同。这是影响合约到期治理的关键。

3.2.2 空间生产合约的优化与设计

土地年期如何确定？地价如何缴纳？还有哪些要素需要考虑？从合约的角度看，任何合约要素都会对合约的效率产生影响，因此必须谨慎安排合约结构和内容。针对该问题，本书以空间合约的基本特征为依据，从空间生产合约的效率评价标准出发，探索系统的空间生产合约优化设计思路，并从合约选择的角度提出最优的签约期限、最优的支付形式及其他合约条款的确定思路。

虽然关于合约选择的理论和实证研究已经开展了几十年，但目前仍存在以下问题：交易费用难以度量、现有理论研究的范围较窄。大部分研究集中在合约形式和治理结构上，然而对于空间合约而言，影响其效率的除了合约形式和治理结构外，还有大量约定要素，这些要素影响着空间利用的效率和空间形态等诸多方面内容，甚至很多情况下是主要影响因素。此外，也存在理论研究与实践相脱离问题，大量的合约选择研究，并没有实践和数据支撑。

因此，基于前述空间生产合约的效率评价标准分析，本书研究从合约关系（参照点）与社会空间实践不一致角度出发开展合约优化和设计研究。不一致主要是指合约约定条款、结构、周期等各种要素与社会空间生产行为、规律之间的差异。不一致对产权关系而言意味着违约；对社会空间而言意味着内部不协调、社会空间运行成本增加、空间生产效率降低。虽然降低交易费用也是本章合约优化的目标，但合约选择的总体目标是提高一致性和生产效率。

在一致性准则基础上，可以根据社会空间构成，考察空间实践的各个方面。本书注重考察空间生产过程效率和再生产时机选择。合约选择及优化的内容涉及合约的周期、合约的形式、合约治理结构等要素。在具体选择过程中，本书将着重考虑社会空间生产的周期性、复杂性、不确定性等特征与治理要素之间的匹配度。在研究方法方面，通过一致性解决比较问题，通过案例分析透视交易费用，通过历史数据判断其对空间生产效率的影响。

3.2.3 权利认知及其建构机制分析

权利认知的形成是一个持续动态的过程，但对其考察一般都是对某一时间节点认知的分析。从实践来看，对国有土地使用权到期时的认知状况考察是最有意义的。国有土地使用权到期续期的收费标准如何确定？如何收回到期土地，到期收回的补偿标准如何确定？基于土地出让合约的各种特征，到期后的剩余分配问题不同于初次出让，认知是解决此类问题的关键。从这个角度出发，前述问题变为：到期情形下，各方对合约剩余分配有何认知？合约到期后该如何收回土地、如何分配合约收益？针对这些问题，本书应用合约产权认知的生产机制，研究权利人、政府等不同群体对合约分配的认知，并在此基础上，提出合约剩余分配的特征。

心理所有权理论提供了研究人类权利认知和感觉的存在及其形成机制与影响的完整框架，使得权利认知的探索深入人的基本动机，并提供了认知形成过程的基本分析路径和可能影响，能更加完整、深入地洞悉人类关于权利的认知。然而，心理所有权的直接应用还有诸多障碍。首先，心理所有权作为一个单一或有限维度的构念，不能更加丰富地刻画心理状态。这种单一性影响了其在实践层面的应用，因为很多行为无法直接建立与心理所有权之间的关系，但可以明显找出与理性认识之间的关系。其次，心理所有权虽然刻画了对权利的心理状态，但更多时候是停留在感性认知的层面的感觉、直觉。这种感觉或直觉是通向理性认识、看法的重要中间变量，但并不意味着就是理性认识本身。此外，集体层面的心理所有权的测度、形成路径及可能影响方面的研究尚不成熟。

因此，本书保留心理所有权理论“动机－路径－认知－影响”的主体框架，根据研究特征和需求对框架进行适当修正后，研究不同权利主体对国有土地权利的认识和看法。主要的修正包括以下几个方面。①在对象方面，除了心理所有权（这是我的感觉）外，结合实际研究主题，扩展对理性认识的探究（认为权利归属于谁）。②除了应用心理所有权（含集体心理所有权）理论框架总结的动机、路径和可能影响外，从实践中寻找更加丰富的理论线索。主要是从具体访谈中得到被访谈者关于到期土地归属、土地权利等方面的看法，并了解形成相应认知的原因和路径以及相应认知下可能的态度、意愿和行为。③除当事人外，考察其他群体的认知和观念，并进行比较分析。④适度增加对于文化、环境、制度等权利认知影响要素的考察。从这四个角度出发，本书首先确定可能的认知对象，分析可能的研究要素。最后围绕认知对象设计研究方案，探索各种认知形成的动机、路径和可能影响

基于“动机－路径－认知－影响”的主体框架，需要对影响续期剩余分配的关键要素进行提炼：到期后对土地归属、土地使用权、土地所有权归属的看法及认识；影响到期收益分配的要素，包括该不该、愿不愿支付等；影响到期退出意愿的要素，不同条件下的退出意愿及可能行为；影响到期收回补偿要求的要素，不同条件下对补偿标准的要求；政策认识、市场认识、文化认识。此外，虽然认知差异主要在于政府和权利人双方，但现实中影响政府决策的人员极多，除政府官员和一线公务员外，专家学者、社会公众也会产生重要影响。

3.3　研究区基本情况

实证分析主要面向产业用地合约优化设计和到期治理的现实问题，从中探寻合约机制对空间生产的影响机制、空间权利认知的形成机制及其影响，并在此基础上提出到期治理策略。

本书以深圳市为例进行实证研究：首先，深圳市作为国内土地有偿使用的先驱，也最先面临国有土地使用权到期问题，年期引发的空间问题暴露最全面；其次，深圳市作为改革开放的窗口，国有土地有偿使用等制度建设先于全国，也是最早探索建立建设用地使用权续期制度的城市；再次，深圳市目前正在探索建立系统的国有土地使用权续期制度，且遇到诸多障碍和难题有待破解；最后，随着深圳市进入存量用地开发利用时代，年期及续期制度已成为影响存量用地治理及治理体系建设的关键变量。

3.3.1　城市基本特征

深圳市地处广东省中南部，下辖九个行政区和一个功能新区，分别是福田区、罗湖区、盐田区、南山区、宝安区、龙华区、龙岗区、坪山区、光明区和大鹏新区（深圳市规划国土发展研究中心，2019）。

深圳市一直是我国对外开放的窗口，是各项改革事业的排头兵。改革开放 40 多年来深圳市人口经济高速增长，根据《深圳市 2018 年国民经济和社会发展统计公报》，截至 2018 年底，深圳市常住人口 1302.66 万人，其中常住户籍人口 454.70 万人，常住非户籍人口 847.97 万人；相较于 1979 年，人口增加了 40 多倍。在经济发展方面，2018 年地区生产总值达到 2.4 万亿元（人均接近 19 万元,）；第三产业增加值比重接近 60%，金融业、物流业、文化及相关产业、高新技术产业已成为深圳支柱产业且仍然保持强劲增长势头。目前，深圳已稳定跻身中国四大一线城市，成为一座充满魅力、动力、活力、创新力的国际化创新型城市。①

2019 年，深圳经济特区成立四十年之际，《中共中央 国务院关于支持深圳建设中国特色社会主义先行示范区的意见》正式印发，党中央、国务院从新时代中国特色社会主义发展的战略安排出发，支持深圳建设中国特色社会主义先行示范区，打造高质量发展高地、法治城市示范、城市文明典范、民生幸福标杆及可持续发展先锋，要求深圳在 2025 年跻身全球城市前列，2035 年建成具有全球影响力的创新创业创意之都，21 世纪中叶成为全球标杆城市。

3.3.2　土地利用现状

（1）土地资源及利用状况

相较于国内其他超大城市，深圳辖区面积较小，土地资源瓶颈明显。全市总面积不足 2000 平方公里，根据 2018 年公布的变更调查数据，全市建设用地达 1000 多平方公里，超过全市总面积的 50%。早在 2006 年，《深圳市土地利用总体规划（2006—2020 年）》就提出“推动土地管理的重点从

① 《中共中央 国务院关于支持深圳建设中国特色社会主义先行示范区的意见》，https://www.gov.cn/zhengce/2019-08/18/content_5422183.htm，最后访问日期：2023 年 6 月 13 日。

新增供地管理为主向存量土地管理为主转变”，2010 年《深圳市城市总体规划（2010—2020）》提出“实现用地模式由增量扩张为主向存量改造优化为主的根本性转变”，此后深圳进入存量开发时代，并逐步构建了城市更新、土地整备等政策体系破解土地资源瓶颈。存量挖潜已然成为破解深圳市土地资源瓶颈、促进社会经济发展的主要路径方式（深圳市规划国土发展研究中心，2019）。

（2）产业用地及产业园区状况

深圳市产业用地一直占有极大比重，根据 2015 年城市用地调查结果，工业用地占建设用地总面积的比例达到 30%，物流仓储用地占建设用地总面积的比例约为 2%（深圳市规划国土发展研究中心，2019）。

深圳全市工业等产业用地占地约 237 平方公里。在规模分布方面，绝大部分工业区规模在 1 ~5 公顷之间；在空间分布方面，主要集中在原特区外（宝安、龙岗、大鹏、光明、坪山等区），且有大量工业区位于城中村内部；在建设密度方面，深圳市工业区毛容积率较低；在建筑质量方面，约一半的工业区以现代化厂房为主，也存在大量形态结构、空间品质、配套设施等难以满足先进制造等新兴产业发展需求的一般工业厂房。

3.3.3 国有土地使用权到期趋势

（1）出让年期设定

根据《中华人民共和国城镇国有土地使用权出让和转让暂行条例》，居住用地最高年期为 70 年，工业用地最高年期为 50 年，商业用地最高年期为 40 年，但并未要求所有土地必须按最高年期供应。深圳市实际供应土地年期更为多样，早在 1987 年正式实施土地有偿使用之前深圳就已经探索划拨土地有偿、有期限使用，土地年期从 15 年到 50 年不等。

（2）整体到期趋势

截至 2019 年，深圳市已到期及未来 5 年内到期宗地以未达到法定最高年期土地为主；70 年居住用地最早 2049 年到期，50 年工业用地最早 2029 年到期，40 年商业用地最早 2020 年到期。虽然国内的土地使用权续期制度研究主要集中在居住用地，但从深圳市的到期趋势看，商业、工业用地使用权续期制度的细化完善更为紧迫。

（3）产业用地到期趋势

早在21世纪初，深圳市已陆续有未达到法定最高年期的产业用地到期，且在近年来达到高峰；达到法定最高年期50年的产业用地到期高峰预计将在2035～2050年。

第 4 章

空间生产合约的结构与特征分析

合约机制决定了空间生产的基本结构和机制，不同的合约机制下，空间生产有不同的特征，对合约结构和特征的分析，本质上是对“合约 - 行为”作用机制的探寻。本章以深圳市历史上的出让合同为对象，应用不完全合约理论，分析土地出让合约的要素及结构，分析合约特征及合约下的空间生产及治理特征。

4.1 分析资料来源

为了开展合约分析，本书收集了深圳市 1988 年建立土地有偿使用制度以来的 8 份土地使用权出让合同，基本涵盖了深圳历史上使用的合同版本（见表 4.1）。

表 4.1 本书分析的合同文本

合同年份	合同名称	合同组成
1988	深圳经济特区土地使用合同书	文本 + 土地使用规则 + 宗地图
1994	深圳经济特区土地使用权出让合同书	文本 + 土地使用规则 + 宗地图 + 附属建筑工程配套项目表 + 附属公益工程配套项目表 + 协议书
1993	深圳市龙岗区土地使用权出让合同书	文本 + 土地使用规则（缺失）+ 用地红线拐点坐标 + 宗地图（缺失）
1994	深圳市宝安县土地使用权出让合同书	文本 + 宗地图

续表

合同年份	合同名称	合同组成
1995	深圳市土地使用权出让合同书	文本+土地使用规则+宗地图+附属建筑工程配套项目表+附属公益工程配套项目表+附属市政工程配套项目表
1998	深圳市土地使用权出让合同书	文本+土地使用规则+宗地图+附属建筑工程配套项目表+附属公益工程配套项目表+附属市政工程配套项目表
2002	深圳市土地使用权出让合同书	文本+土地使用规则+宗地图（缺失）+附属建筑工程配套项目表+附属公益工程配套项目表+附属市政工程配套项目表+补充合同书（缺失）
2019	深圳市土地使用权出让合同书	文本+土地使用规则+附属建筑工程配套项目表+附属公益工程配套项目表+附属市政工程配套项目表+产业发展监管协议（产业或商业用地）

4.2 合约形成基础：治理体系及产权规则

4.2.1 空间治理体系的构成

我国的空间治理体系极其复杂，但最重要的是物质空间角度的资源配置体系和权利空间角度的权利配置体系，两方面共同构成空间治理体系的核心内容，围绕资源和权利的配置，在国家、地方、权利人等多个层次，形成了体系庞大、内容丰富的治理体系。在宏观层面，我国特有的政治文化背景和市场化改革构成了空间治理体系的基础，政府主导下的权利和资源配置体系则是核心内容，其治理要求通过指标、市场和行政机制层层传导。而在末端，经市场化配置后，政府与权利人之间的合约成为微观层面治理的主要依据和形式（刘卫东，2014）。在整个体系中，形成了各级政府之间、政府与权利人之间、权利人与权利人之间、权利人与社会公众之间等多种空间权利关系（见图4.1）。

合约关系构成了微观层面治理机制的主体。从整个治理体系来看，有两方面特征：一方面，虽然合约中的转移客体（建设用地使用权）是宏观层面固化的物权，合约范本也由政府统一制定，但也有地方政府对合同进行修改并增加地方性治理目标，除配置、交易的对象外，合约中也固化了

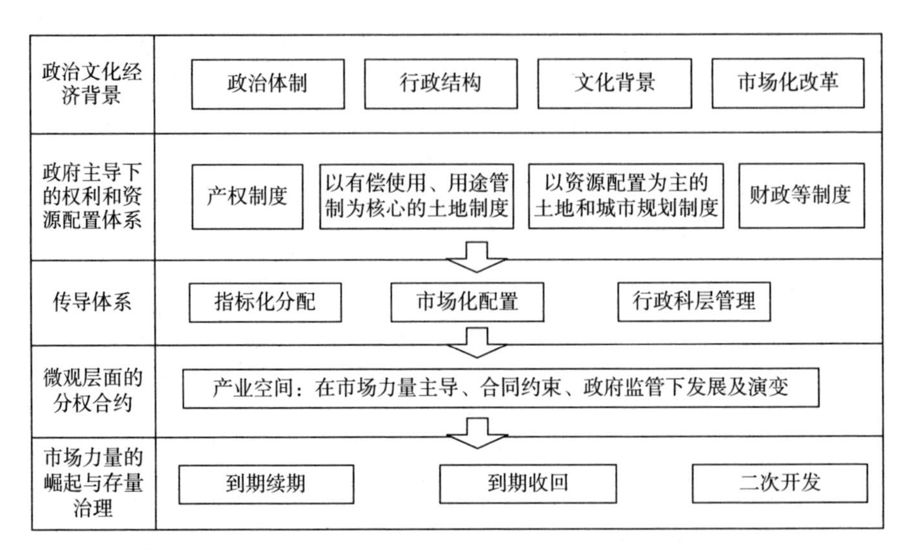

图 4.1　空间治理体系

大量的监管要求（权利人义务）；另一方面，作为治理体系的末端，出让合约签订受治理体系影响极大，可以说是治理体系在微观层面的直接反映，里面嵌入了各个层面的治理目标，以合约形式固化到政府 - 权利人合约关系中。因此，对合约的研究和优化，就是对治理体系的研究和优化。

4.2.2　产权规则渐进式演变

产权规则是合约签订的基础。我国国家土地所有权结构是两权分离的有偿使用制度建立的根本，市场化改革、物权保护观念的树立是关键变量。在社会主义公有制框架下，两权分离的有偿使用制度随着市场经济体制的变迁以及物权保护观念的树立而逐步建立和完善，其基本架构内生于我国的土地所有权制度，在具体安排上，又受转型期经济社会发展的具体需求影响，最终形成了与我国当前的社会主义经济制度相匹配的土地政策（齐援军，2004；王万茂，2013）。国家及深圳市建设用地使用权年期及续期制度在市场经济发展需求、国家制度变迁以及国有土地使用权到期等诸多因素影响下不断丰富和完善（齐援军，2004；王万茂，2013；付莹，2014），具体可分为四个阶段（见表 4.2）。①制度初创阶段：深圳探索土地有偿使用，设定土地年期。②制度规范阶段：深圳、国家先后建立土地有偿使用制

表 4.2 年期及续期政策变迁历程

阶段	制度初创阶段	制度规范阶段				深圳实践阶段			物权法时代
时间	1982.1.1—	1988.1.3—	1990.5.19—	1994.7.5—	1995.1.1—	1995.9.15—	1996.2.27—	2004.4.23—	2007.10.1—
政策文件	《深圳经济特区土地管理暂行规定》	《深圳经济特区土地管理条例》	《城镇国有土地使用权出让和转让暂行条例》	《深圳经济特区土地使用权出让条例》	《城市房地产管理法》	《深圳市人民代表大会常务委员会关于修改〈深圳经济特区土地使用权出让条例〉第十一条的决定》(人大十四号公告)	《深圳市人民政府关于土地使用权出让年期的公告》	《深圳市到期房地产续期若干规定》	《物权法》
年期规定摘要	客商划拨：工业用地30年；商业（包括餐馆）用地20年；商品住宅用地50年……	第16条：出让国有土地使用权的年限，根据生产行业和经营项目的实际需要确定，最长为五十年	第十二条：……居住用地七十年；工业用地五十年……	第11条：土地使用权的最高使用年限为五十年，不同用途土地的使用年限由市政府规定	第14条：土地使用权出让最高年限由国务院规定	不同用途的土地使用年限按国家规定执行	与深圳市规划国土局签订《土地使用权出让合同书》的用地，其土地使用最高年期按国家规定执行	—	—
续期规定摘要	客商经营项目所使用的土地，按照规定年限期满后，如需继续经营，报经济特区主管部门核准，可以续约	土地使用年限届满，受让人需继续使用土地，必须办理续用手续	土地使用者可以申请有偿续期，不续期的由国家无偿取得地上附着物的所有权	第50条：提前六个月申请，符合规划的给予续期	至迟于届满前一年申请续期，除根据社会公共利益需要收回该幅土地的，应当予以批准 重新签订土地使用权出让合同 支付土地使用权出让金	—	在市人大常委会十四号公告公布之日前已签订合同的，自出让合同规定的起始日期推算、顺延即可，不须另签合同或换发《房地产证》，其中需变更产权的，在办理变更产权手续时确认、顺延	原行政划拨及原行政划拨转出让但未延期，不改变用途、有偿使用的地价：1995年9月15日前已转出让的自动顺延；1995年9月15日前未转的，按35%基准地价（出让）或按年交地租（租赁）	住宅建设用地使用权期间届满的，自动续期 非住宅建设用地使用权期间届满后的续期，依照法律规定办理

续表

阶段	制度初创阶段	制度规范阶段				深圳实践阶段			物权法时代
时间	1982.1.1—	1988.1.3—	1990.5.19—	1994.7.5—	1995.1.1—	1995.9.15—	1996.2.27—	2004.4.23—	2007.10.1—
国家	行政划拨		行政划拨、出让（国家标准）						
深圳	深圳市划拨	深圳市出让（部分未达到50年）				出让（国家标准）			

资料来源：根据相关法律法规和政策文件绘制。

度，年期、续期政策进一步规范化。③深圳实践阶段：为解决土地年期与国家不一致以及早期划拨国有土地使用权到期问题，深圳探索了法定自动续期（顺延）与依申请续期制度。④物权法时代：在物权观念深入人心、双轨续期制度约束及深圳新问题不断出现的情形下，尝试深化续期制度改革，但困难重重，未能形成有效的制度安排。

产权规则虽然经过了几十年的变迁，但仍然不完善，存在对国家所有权与建设用地使用权的界定存在冲突、续期的制度安排等关键环节仍然留有空白以及批租制度目标分散化等不确定问题。这些问题也影响着合约的结构和效率，进而影响空间生产。

土地规则的不确定性同土地本身的复杂性高度相关。现实世界的复杂性和不确定性，导致产权的界定具有相对性（袁庆明，2014），总有部分属性由于交易成本过高而无法得到清晰界定。由于空间的极度复杂性，在不完全理性情况下，在产权规则确定及签约过程中，不可能预测出所有要素的所有可能状态，更无法预测出实践主体的可能行为变化，导致产权规则不确定、出让合约不完全。一方面，土地是典型的公共域资源（Common Pool Resource，CPR），是人类产权制度覆盖的要素中最复杂的一项，它承载了人类所有生产生活生态活动，且随着经济社会发展，其经济属性和潜力也不断被挖掘。因此产权的界定也是动态的，随着人类社会的发展、科技的进步而逐步深化。另一方面，土地资源的复杂性及不确定性、经济社会的高速变化，使得合适的土地规则很难迅速制定。

渐进式的改革路径也是产权规则不完备的重要原因。改革开放以来，中国的城市化是在独具特色的渐进式改革模式和发展道路的背景下展开的（邹兵，2001），国土空间管理和规划体系不断完善，表现出了渐进式改革的诸多特征：制度逐步完善，早期制度存在漏洞；先试点后推广，导致地方制度与国家制度不一致；增量改革、双轨运行，统一规制中摩擦不断；局部突破、层次递进，制度协调性不够；经济改革先行，政治改革滞后（樊纲，1994；卢现祥，1998，1999；李文震，2001）。种种特征导致土地制度，尤其是产权规则并不稳定。在国有土地产权规则方面，从 1981 年深圳探索有偿划拨，至 2007 年《物权法》出台，整整相隔了 26 年；在此期间国家层面没有《物权法》的约束。产权规则的不确定性导致了实践中的模糊性，地方政府、权利人、社会公众等对产权都有自身的解释，并在实践中引发多种多样的空间问题。

4.3 空间合约要素及结构分析

4.3.1 合约组成结构

深圳在20世纪80年代初期探索土地有偿有期限划拨，1988年《深圳经济特区土地管理条例》出台后，正式施行有偿使用（付莹，2014）。这个阶段没有特别的法规或政策约束出让合同的内容，根据管理需要，市、区都探索建立了不同的出让合同模板。根据收集的历史合同，1988年以来，深圳市土地出让合同虽然在具体规定方面随着深圳、国家土地管理法律法规的变化而不断完善，但总体架构保持一致，一般由合同正文、土地使用规则和宗地图等三部分组成，而具体内容则根据实际需要和政策变迁不断变化。虽然国家在2008年出台了《国有建设用地使用权出让合同》范本，但深圳一直沿用形成于20世纪90年代的合同模板。

（1）早期探索阶段约定的土地权利

最早使用的1988年版本合同主文本中约定了土地面积、供应方式、使用年期、土地用途等内容；土地使用规则中则对地价款数及缴交方式、土地登记发证、界桩定点、土地利用要求、公益工程建设、设计施工完工要求、建筑维修管理、供水供电、接受监督检查、土地使用权转让、土地使用期限届满、遵守法律法规等方面内容进行了约定。该文本详细约定了签约双方的权利、义务及初步的争议解决路径。由于《深圳经济特区土地管理条例》第二条仅提出了土地使用权的概念，未对其内涵进行详细界定，合同文本中也只根据土地管理法规，列出各种权利义务关系，未对土地法定权利进行清晰界定。此阶段，深圳的土地产权规则极为模糊，详细的合同发挥了约定权利义务的主体作用。

（2）产权规则的细化和合同主体结构的确定

1994年，深圳出台了《深圳经济特区土地使用权出让条例》，对土地使用的产权规则和出让合同的内容都进行了界定。该条例明确土地使用权是“土地使用者在使用年限内，可以依法使用、转让、出租、抵押或者用于其他经济活动，其合法权益受法律保护”，同时也要求“土地使用者开发、利用、经营土地的活动，应当遵守法律、法规的规定，不得损害社会公共利益”。该条例第一次明确提出了出让合同需包含权利人信息、宗地信息、年期信息、地价及缴付方式、土地交付时间、规划设计要点、开竣工要求、市政配套设施建设义务、使用限制、建设附加设施的项目及义务、违约责任、其他条款等十二个方面的具体内容。该条例出台后，出让合同进行了重大修订，虽然整体架构仍然是合同正文、土地使用规则和宗地图等附件，但具体内容根据条例进行了修订。以1994年版本合同为例，合同正文中对土地用途、年期、土地利用要求、绿化维护和道路建设义务、地价及付款方式、产权权能的要求、期满处置规则、争议处理规则进行了约定，而土地使用规则中则包含释义、界桩定点、附属工程、设计施工完工要求、建筑维修管理、供水供电、接受监督检查、土地使用权转让、遵守法律法规等方面内容。该文本中也第一次对土地使用权进行了定义：“指深圳市政府土地主管部门依法将国有土地指定的地块、年限、用途和其他条件供给土地使用权受让人依法占有、使用、收益和处分，土地使用权受让人由此获得该地块进行开发、经营、管理的权利。”这是中国第一次对土地使用权的内涵进行界定，虽然后期国家对建设用地使用权进行了明确界定，但深圳版本的土地出让合同中一直沿用该定义。该版本合同已较为完善，虽然《深圳经济特区土地使用权出让条例》在1995年、1998年、2008年、2010年、2019年、2021年先后六次修订，但出让合同的主体架构基本保持不变。

（3）管理机制的完善与合同约定内容的逐步细化和增加

虽然1994年的合同架构一直保持稳定，但随着国家和深圳土地管理制度的不断完善和精细化，土地利用要求、地价等部分条款的约定不断被细化和改变。最典型的是，在土地利用要求方面，逐步增加了大量的布局要求和产权限制条件，此类限制条件大多源于深圳房地产市场和土地管理中的实践需求，如物业转让方面的限制等。另一个重大变化是，2016年以来，随着深圳产业用地供应政策的变化，增加了产业监管协议作为附件，对产业用地中甲乙双方的权利、义务进行了进一步细化和完善，从投资和产值规模、产权限制、股权限制、抵押限制、建筑回购等多方面对使用权人提出了新的要求，也明确了所有权人的权利和义务；协议还对违约责任追求、退出机制、争议解决方式等进行了详细约定。从整体结构上看，土地使用权出让合同对土地上的开发利用行为进行了约定，产业监管协议则对产业用地上产业空间的发展进行了详细的约定，二者共同构成了完整的空间权利关系。

4.3.2 合约要素及确定规则

早期土地出让合同的权利以约定为主，随着国家法律确定有偿使用制度、明确基本的权利构成，合约中的权利在法定框架下进一步约定，在此过程中充分体现了所有权人的设定权。早在1995年，深圳的出让合同中就明确甲方（国土局）出让的只是土地的使用权，所有权属于国家，地下资源、埋藏物等均不在出让范围之内。使用权人的权利是对指定地块、年限、用途和其他条件的土地的占有、使用、收益和处分权，以及因此而获得的对地块进行开发、经营和管理的权利。然而，除根据法律规定的权利描述之外，合约中对土地本身及其开发利用、经营等一系列行为都进行了限制，比如开发利用条件限制、开发建设行为限制以及后期的产业发展限制等，其实都是对土地使用权权能的约束（见表4.3）。

表4.3 合同约定事项

约定事项	约定依据及方式	实际有效期
土地面积、坐标	规划确定	合约期内
合约周期（土地年期）	政策规定，议定	—
土地用途及规划条件	城市规划	合约期内
权能限制条件	地方政策	合约期内
产业发展约定	地方政策，议定	合约期内
管控要求约定	国家政策、地方政策	合约期内
开发建设工程相关约束	国家政策、地方政策	开发建设阶段
附属工程建设约定	—	开发建设阶段
附属公共义务	—	合约期内
纳税义务	—	合约期内
政府监督检查权利	—	合约期内
权利次序约定	—	—
约定的续期规则	政策规定，约定	合约到期
价格条款	—	开发建设前
缴纳方式	—	开发建设前

（1）关于权利客体的确定

出让合同中，对土地自身的描述包含位置信息、面积、年期、用途等方面内容。其中，面积和位置信息是客观要素，主要通过附件中的宗地图明确，里面包含地界点坐标，同时使用规则中也明确要求合同签订后埋设混凝土界桩；而出让年期、用途等受土地政策、城市规划等管控影响，且相关规则和规划处于不停变动中。

（2）合约周期的议定、法定及竞争

在探索有偿使用初期阶段，《深圳经济特区土地管理暂行规定》分类型设定了土地最高年期（20～50年不等），但不对具体的供应年期做强制性规定，而是根据项目实际情况协商确定。分类设定土地最高年期、协商确定具体年期的做法，既在制度上保障了刚性，又具有较高的灵活性；既充分考虑了不同产业、不同用地类型的整体特征和发展规律，又兼顾了具体企业的实际需求及经营情况。相较于现在执行的超长的最高年期、所有土地按最高年期出让，更具操作性和合理性。《深圳经济特区土地管理条例》在大的思路方面沿用了1981年《深圳经济特区土地管理暂行规定》的做法，规定“出让国有土地使用权的年限，根据生产行业和经营项目的实际需要确定，最长为五十年”。在最高出让年期的确定方面，充分借鉴了香港土地批租制的经验并征求相关专家意见后，将土地最高年期调整为50年。这主要是考虑到香港75年的批租年期过长，在资源有限、经济发达地区，过长年期不利于政府调控土地市场、不利于资源的优化配置（深圳市规划国土局，1995）。

1990年国家出台了《城镇国有土地使用权出让和转让暂行条例》，明确了不同类型土地使用权年限（居住用地70年，工业用地50年，教育、科技、文化、卫生、体育用地50年，商业、旅游、娱乐用地40年，综合或者其他用地50年）。然而深圳并未立即执行国家规定，一直沿用深圳50年最高年期出让土地。随着出让制度在全国推广，周边地区土地出让年期高于深圳市（工业、居住等比深圳长了20年）。年期差异导致深圳市土地使用权出让受阻，很多外地投资者尤其是外商放弃在深投资，深圳不少本地企业也转到周边和国内其他地区投资。面对严峻形势，1995年9月15日，深圳发布人大十四号公告修改《深圳经济特区土地使用权出让条例》第十一条，明确最高年期与国家接轨。

(3) 土地用途及规划条件（土地利用条件）的确定

土地用途和利用条件是对权利客体的进一步限定。土地用途是合同的重要内容，是出让方式、地价计收的重要依据。土地用途并不是出让方和受让方的临时约定，而是出让之前由城市规划确定的；土地利用条件（规划条件）也是由城市规划提前确定，主要包括建筑面积、容积率、建筑层数、退线要求、停车位配置要求等。实践中，土地用途和利用条件等都受国家土地用途管制政策、城乡规划法律法规，以及深圳市城市规划政策、标准及准则的管控和影响，尤其是受用途管制系列政策影响，合同中对土地用途的约定都较为刚性。

(4) 约定的国有土地使用权续期规则

根据收集的合同版本，主要的国有土地使用权续期规则有 4 种（见表 4.4)，但基本都约定国有土地使用权到期后建筑物及土地归国家所有，如权利人需要继续使用土地，需经国家同意。其中，1988 年合同将符合城市规划作为续期条件。

表 4.4 出让合同中的国有土地使用权续期规则

编号	合同年份	国有土地使用权续期规则
1	1988	土地使用期限届满，土地连同建筑物分情况做如下处理：(1) 该幅土地的用途与当时城市规划相矛盾的，土地连同建筑物由市政府无偿收回，注销土地使用者的土地使用证；(2) 该幅土地用途与当时城市规划不矛盾，但土地使用者无需续用的，土地连同建筑物由市政府无偿收回，注销土地使用者的土地使用证；(3) 该幅土地用途与当时城市规划不矛盾，土地使用者需要续用的，必须在期满前六个月向市国土局提出续用申请，续用年期长短由土地使用者与市国土局协商，土地使用者必须按当时的土地市价如数向市政府交纳费用，并办理续用的有关手续
2	1994	土地使用期限届满，土地及地上建筑物、附着物等不动产由甲方无偿收回，乙方必须交还土地使用证，办理注销登记；乙方需要续期使用土地的，须于土地使用期满六个月前向甲方申请，在与当时规划无矛盾的前提下，乙方可优先以时价与甲方续订土地使用权出让合同
3	1995 1998 2002	土地使用权期限届满，甲方无偿收回地块的土地使用权，地上建筑物及其他附着物由甲方无偿取得，乙方承诺于指定日期（期满当天）将土地及地上建筑物、附着物无偿交回甲方，并在年期届满之日起十日内办理房地产权注销登记手续，否则由甲方注销；乙方如需继续使用本地块，可在期满前六个月内申请续期，经甲方批准并在确定了新的土地使用权出让年限和出让金及其他条件后，与甲方重新签订土地使用权出让合同，支付地价款、支付土地使用权出让金和土地开发与市政配套设施金，并办理土地使用权登记手续

续表

编号	合同年份	国有土地使用权续期规则
4	2019	除法律法规另有规定外，本合同书规定的土地出让年限届满，甲方无偿收回出让地块的土地使用权，地块上的建筑物及其他附着物也由甲方无偿取得。乙方承诺于20××年××月××日前将土地及地上建筑物、附着物无偿交给甲方，并在年期届满之日起十日内办理房地产权注销登记手续，否则由甲方移交房地产权登记部门迳行注销。乙方如需继续使用本地块，可在期满前六个月内申请续期，甲方按届时土地政策和产业发展政策进行审批，批准续期的，续期年限与已使用年限之和不得超过国家规定的最高出让年限，并按规定缴纳地价

除上述关键要素之外，合约中还对开发建设工程（开竣工时间、报批审批、规划验收、设计方案）、产权限制条件、土地及建筑物管控要求等进行了约定。早期出让合约一直未对产业发展提出要求；2016年出台《深圳市工业及其他产业用地供应管理办法（试行）》后，新出让的产业用地还需要签订产业发展协议，从产业类型、生产技术、产业标准、产品品质要求，以及投产时间、投资强度、产出效率、节能环保等方面进行约定。

4.3.3　权利配置结构：所有权人拥有合约剩余

（1）空间权利的构成

城市土地国家所有是我国基本的政治经济制度，也构成了我国空间政策的基础。在经济社会发展过程中，为适应不同阶段的发展需求，先后建立了无偿无期限的划拨制度和有偿有期限的出让制度，实践中形成了所有权与使用权相分离的现实情况，并在事实上成就了改革开放以来经济社会的高速发展（赵燕菁，2019）。然而，物权立法对我国的土地制度实际上没有给予充分的解释和说明，法理层面未厘清国家土地所有权的构成及行使方式。2007年施行的《物权法》第三十九条规定“所有权人对自己的不动产或者动产，依法享有占有、使用、收益和处分的权利”，同时第四十条明确所有权人有权在自己的不动产上设立用益物权和担保物权，即所有权人拥有用益物权设定权。然而，对于建设用地使用权的权能的界定，与所有权的界定是重合的。虽然《物权法》明确了土地使用权包含占有、使用和收益的权利，但也赋予了许多处置权。这在法律层面容易造成所有权和使用权的混淆，形成所有权与从所有权中分离出来的使用权无法有效区分的尴尬局面，导致难以充分界定所有权和使用权的内涵及边界，并在事实上造成所有权行使的困难。

所有权的本质在于最终控制权和剩余索取权。英美法系中并没有所有权的概念，财产权是由一系列权利组成的权利束，一个人只要拥有了绝对处置权（fee simple absolute）就拥有最多的法律权益束；罗马法中，所有权（ownership）主要由使用、收益、管理等权利组成，所有权人可以对其所拥有的物品做任何使用（Furubotn and Richter，2010）。产权的经济分析中，“剩余控制权”“剩余收益权”等概念是所有权的核心，真实世界中，针对有形或无形物的权利很难完全界定，而根据科斯定理只要可以清晰界定的权利，都可以让渡，并实现最优效率，所有权的意义在于，对于无法完全界定的权利或权益，所有权人拥有其控制权（袁庆明，2014），这就保障了所有权人对物的绝对控制。

国内对社会主义公有制下所有权的研究以刘俊（2006）最为典型，也较为切合实际，他指出传统的所有权的四项权能已经无法满足我国公有制下的制度实践，四项权能过于狭隘，无法准确描述所有权权能的全部内容，完整的所有权应包括设定权、收益权、使用权、发展权和回归权（见图4.2）：土地设定权是所有权人对土地利用方式做出整体性安排的权利（决定两权分离、决定分离权利的大小、确定分离出权利的利用条件和规则）；土地收益权是基于所有权取得经济利益的权利（在出让土地中，主要体现在有偿使用的对价上）；土地使用权是土地使用权人在所有权人设定的权利范围内对土地的支配和利用权（与旧的使用权能不同，使用权包含占有、使用、收益、处分等权能）；土地发展权是所有权人基于社会发展或公共利益需要所有的超市场权利（收回权、收益分享权等）；土地回归权是土地使用权期限届满时，土地所有权人收回土地使用权的权利，在作者观点中，这也是两权分离情况下，保障土地国家所有的底线。无论是从法理还是从国家所有制基本目标看，设定权、收益权、使用权、发展权、回归权几项权能都基本涵盖国家对土地的绝对控制（最终控制）权和代表公众利益的索取权；而具有处置权能的使用权分离出去后，也基本满足了市场经济的发展需求。

从土地所有权的构成分析，在国有土地出让机制中，所有权人的权利主要体现在以下几个方面。①供应前期的设定权，主要是指设定土地用途、年期、开发利用条件、产业发展限制、产权限制等。其中，土地年期是法

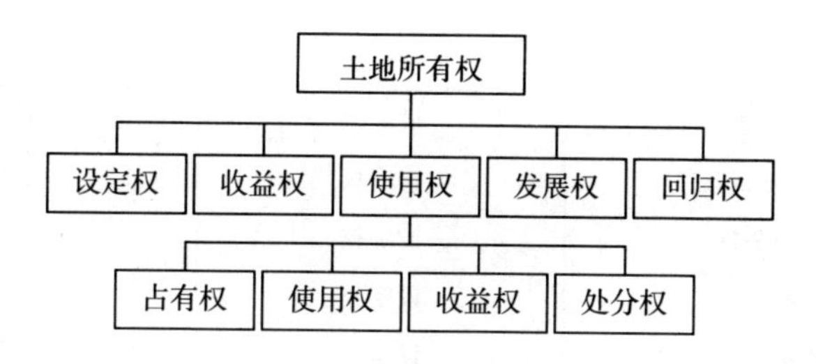

图 4.2 土地权利结构

资料来源：刘俊（2006）。

定的；土地用途和开发利用条件是自上而下通过规划分配发展权实现的；而产业发展限制、产权限制等根据地方政策及发展目标设定。②收益权，按权利分割状况，除使用权人获得的有限收益外，其他剩余收益都归所有权人所有。所有权人的收益权主要通过两种方式实现，即供应时获得对价，供应后获得土地税收。③发展权，本质上是合约的剩余控制和剩余索取权。④受限的回归权，到期之后所有权人有权收回土地。然而，在制度设计和约定中，不予续期已经成为例外。这事实上限制了回归权，而赋予了使用权人继续使用的权利，并导致所有权人的回归权异化为土地收益获取机会和规划落实机会。

（2）合约中的条款主要是限定使用权

围绕空间权利，合约对各项权利的归属进行了明确。虽然深圳和国家法律对建设用地使用权进行了界定，明确了客体的基本组成，但在实践中，各方面的管制要求都被融入合同，形成了真实的权利与义务关系（见表4.5）。这些约定涉及社会空间实践的方方面面，真实的权利与义务关系，嵌入了很多空间管理其他方面的要求，合约中大部分条款是对使用权人权利的限制和使用权人义务的描述，即合约约定主要是在明确所有权人的权利，使用权人的义务和权利边界，而控制权掌握在政府手中。

表 4.5 合同中对使用权的限制

事项	所有权人	使用权人
价格条款	收益权	义务
土地面积、坐标	设定权	被限定

续表

事项	所有权人	使用权人
合约周期（土地年期）	设定权	被限定
土地用途及规划条件	设定权	被限定
权能限制条件	设定权	被限定
产业发展约定	设定权	被限定
管控要求约定	设定权	被限定
开发建设工程相关约束	管控权	被限定
附属工程建设约定	收益权	义务
附属公共义务	收益权	义务
纳税义务	收益权	义务
政府监督检查权利	管控权	义务
权利次序约定	管控权	被限定
约定的续期规则	受限的回归权	继续使用权利
增值收益分配	发展权	未约定

(3) 批租合约中的使用权很有限

根据产权规则及合约约定，使用权人的权益是极其有限的，是对应的空间资源的占有、使用、收益和处分的权利。无论是哪项权能的实施，都是有一整套的限制条件的，是对特定用途、年期、开发利用条件、产业发展条件、产权限制条件的土地的权利。使用权人权利的行使，既受甲方的监督，也受系列法律法规的约束（见表 4.6）。可以说，合约约定的权利是极其有限的，按合约约定，即使是较为模糊的收益权，也是特定用途、年期、产权限制等系列条件下土地的收益权利，并不包含额外的发展权益。

表 4.6　对权利束的限制

权能	限定	限制期限	限制手段
占有	特定用途、开发条件	合约期内	约定、行政、司法
使用	特定用途、开发条件	合约期内	约定、行政、司法
收益	特定用途、开发条件	合约期内	约定、行政、司法
处分	有限的处分权利	合约期内	约定、行政、司法

（4）所有权人保留了剩余控制权和剩余索取权

无论是产权规则还是出让合约，对所有权人的权利都没有进行过多的约定。权利的约定方式是，限定使用权人的权利，所有权人保留剩余控制权、剩余索取权及回归权。如果按现有的产权规则和合约约定执行，理论上所有权人可以管控一切，获得一切剩余收益（见图4.3）。

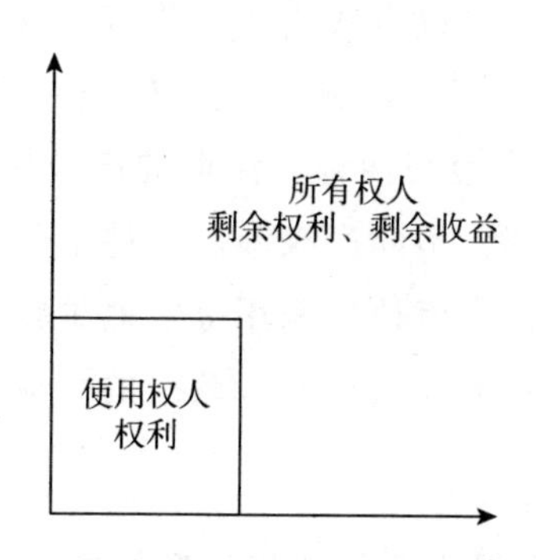

图4.3　合约中的空间权利分配

除了空间权利之外，产业用地上另外一类重要的约束是围绕产业展开的，即产业的权利分配。在产业方面，土地所有权人和土地使用权人的位置刚好相反，作为土地使用权人的企业，拥有产业发展的剩余控制权和剩余索取权，而作为土地所有权人的政府，保留了部分控制权，并通过税收获取一定的剩余收益（见图4.4）。

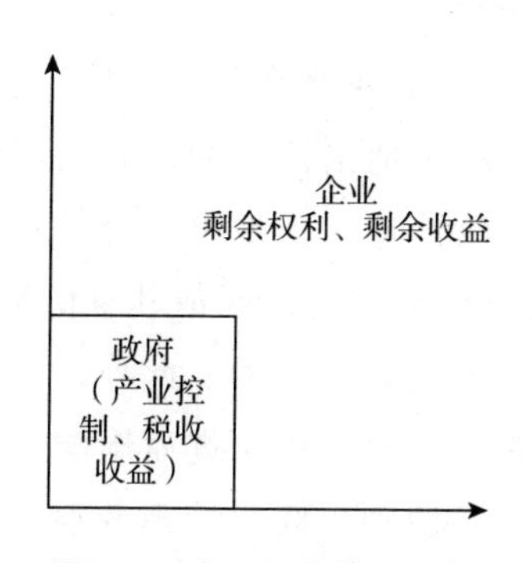

图4.4　产业相关权利分配

4.3.4　分配结构：固定地租和分成地租

产业用地上的收益分配，既可以以空间收益分配为主导，也可以以产业收益分配为主导。目前，产业用地使用权的收益分配结构是固定地租和分成地租双重结构。使用权的空间收益分配是固定地租，而产业发展剩余是以分成地租的形式进行分配。土地出让时，政府收取定额土地地价，在企业正式投产后，政府收取一定比例税收。

为了扶持产业发展，政府以产业收益为主要目标，压低了产业用地地价。早期产业用地都采取协议方式出让，政府收取较少的协议租金；虽然2007年后有一段时间实行招拍挂制度，但又变相向协议出让制度靠拢，地价的收取与产业发展政策紧密捆绑。深圳的产业用地地价政策较为复杂，不同类型产业、不同年期、不同产权限制条件下收取的地价各不相同。根据最新的地价测算规则，全市地价采用标定地价技术，在评估的地价基础上，通过差异化的地价系数体现区别。政府的产业扶持和优惠政策，也往往体现在地价系数方面。

4.3.5 行政体系是最主要的显性治理机制

治理结构是防止事后机会主义行为的关键。根据交易的三个维度（资产专用性、不确定性和交易频率），威廉姆森提出了四种治理结构：①市场治理，针对偶然合约和重复合约的非专用性交易，依据市场上形成的组织安排和交易规范进行治理；②三方治理，针对偶然交易、混合或高度专用性情形，借助第三方维护合约；③双方治理，针对非标准重复交易，存在专用投资，依赖关系性合约获得最优解；④统一治理，即纵向一体化情形（Furubotn and Richter，2010）。四种治理结构中，纯粹的市场治理和纵向一体化的统一治理都难以解决土地出让合约遇到的履约问题。而从合约约定来看，第三方的仲裁及行政治理是土地出让合约治理的主要模式。虽然行政治理的主体是所有权人自身（政府），但其身份不同，行政治理是应用国家行政力量，因此也是三方治理的一种。此外，由于所有权人具有双重身份，出让合约嵌入复杂的政企关系中，进而影响合约的治理。总之，出让合约的事后治理是包含三方治理、双边治理的混合模式，在合约自身基础上，所有权人的行政力量大量渗入合约。

为了保障土地合约的执行，以国土、规划部门为主体，自上而下建立了完善的监管机制，从开发建设、产业发展、消防质检等诸多方面对产业用地上的空间生产进行监管，政府监管几乎涵盖产业用地利用和空间生产的方方面面，并逐步构建了包含城市更新等在内的治理机制（见表4.7）。在正常的开发利用过程中，建设用地批后监管机制、产业发展监管机制和违法建设监察机制是最主要的治理机制。

表4.7 不同要素治理机制

可能的不确定方面	治理机制
土地用途及规划条件	规划管理机制
权能限制条件	批后监管机制
产业发展约定	产业发展监管机制
开发建设工程相关约束 附属工程建设约定	建管消防质检机制 批后监管机制 违法建设监察机制
纳税义务	税务体系

在国家政策指导下，全国各地自2004年起建立了较为完备的批后监管机制。以广东为例，土地动态监测和监管工作以政策规则为依据，以监管系统为依托，以监管考核为抓手，形成了系统支撑、动态监管和定期评价相结合的整体架构（见图4.5）。该机制有三个主要特点：全流程半自动管理，关键环节监察，重要内容考核；机制体制完善，线上线下工作执行到位；监测内容较为完善，开发利用考核较为全面（侯学平，2006；刘俊，2011）。

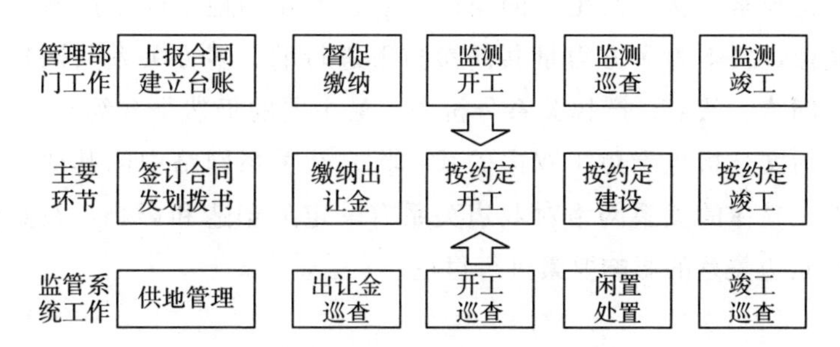

图4.5 建设用地批后监管机制

在产业监管方面，签订《产业发展监管协议》后，实施全方位、全年限监管，投产后政府每隔一段时间都会对监管协议约定事项的履行情况进行全面核查。深圳还建立了包含国土规划、产业行政主管、市场质量监管、税务、证监、信用监管等部门在内的联合处置机制，考核未通过的，由区政府牵头前述部门进行处置。履约考核未通过的，还可能被列入失信“黑名单”，禁止参与深圳土地开发相关项目。

除此之外，深圳市还通过产权限制来约束土地出让后的经营行为，避免以土地投机为目的的再开发。同时，违法建设监察体系也较为成熟，可在一定程度上识别、发现和处置使用权人的投机行为。

4.3.6 隐性关系网络发挥了重要治理作用

土地出让后纠纷较多，显性的治理机制经常是失效的。由于政府并非常规的市场主体，商业信誉无法成为制约政府行为的有效因素，市场机制在合约不能履行时无法发挥有效作用；此外，政府是国有土地资源垄断方，政企之间无法形成基于市场机制的双边关系，“退出”机制也不再是约束政府行为的有效手段。因此，在有些情况下，合约关系、法律调节都无法发挥正常作用，显性的治理机制很多情况下是失效的。

土地出让合约是关系性的，复杂的关系网络成为合约履行的关键要素。合约双方并未将所有偶然因素考虑在内（也无法全部考虑在内），但合约却是一种持续几十年的长期性安排；在此过程中，过去、现在和未来合约双方之间的关系非常重要（Furubotn and Richter，2010）。虽然国家是国有土地所有权人，但在实践中是各级政府代表国家行使所有权；由于合约主体是政府和使用权人，转型期复杂的政企关系必然也成为影响土地出让合约履行的关键要素。从空间生产的角度出发，产业用地空间生产事实上是在政府、企业、资本等多方力量共同参与下进行的，多方关系共同构成了复杂的关系网络。然而，产权关系分析中，最主要的仍然是合约双方的关系，因此本书后文分析也聚焦于双边关系，将复杂关系网络中的其他要素隔离开。当然，整体的关系网络对双边关系有一定的塑造和影响，在具体分析中会作为双边关系的影响要素进行讨论。

4.4 空间合约特征分析

4.4.1 合约的不完全性

土地出让合约是不完全的，主要体现在部分事项未清晰约定或未约定，部分事项约定不符合空间生产规律。根据收集的土地出让合约，格式条款中对土地增值收益、用途变化等情况都未能完全界定清楚（见表4.8）。除此之外，早期合约中还有大量手写内容，存在表述不精确、字迹潦草无法有效辨别等问题，在一定程度上造成了合约的不完全性。而在空间生产过程中的不确定性要素的治理机制方面，出让合约通过很多条款，赋予了所有权人对诸多事项的控制权，实际的治理并非合约本身完成，而是通过合约外部的政策法规和行政机制完成。

表4.8　合同约定事项

可能的不确定方面	约定程度	治理机制
土地收益	固定	无
合约周期（土地年期）	固定	无
土地用途及规划条件	固定	审批+处罚；再谈判
权能限制条件	固定	无
产业发展约定	固定	处罚、整改、退出
管控要求约定	固定	审批+处罚
开发建设工程相关约束	固定	监测、处罚、收回
附属工程建设约定	固定	验收
附属公共义务	固定	日常行政管理
纳税义务	原则	管制
约定的续期规则	明确	—
其他公共利益需要	原则	政策
规划变更处置	未约定	行政
产业变更处置	未约定	行政

合约的界定、度量、协商谈判等过程都需要成本，因此合约无法列出所有的或然事件，而合约人的有限理性、信息不对称、语言特征、超长周期、空间特征等都是产生合约订立和执行成本的重要原因。首先，在完全理性的世界中，合约人能洞察一切变化，彻底了解双方的选择和未来的可能变化。然而，现实中受自身能力及外界复杂性和不确定性影响，立法者、合约当事人都无法观察一切、预测一切、证实一切。在当事人之间的信息不对称情况下，具有机会主义倾向的当事人就会利用信息不对称逃避、转

嫁风险，这也会导致合约的不完全。其次，语言的不精确以及签约当事人对语言的不合理使用也会导致合约语言对复杂标的和事件描述的不完全性，条款越多可能导致履约时的争议越多（卢现祥、朱巧玲，2012；袁庆明，2014）。最后，超长周期也是合约不完全的重要原因，由于周期过长，未来事件的预测超出了人们的认知能力，这导致很难对未来各种情形进行完全约定（Furubotn and Richter，2010）。

社会空间的多样性、异质性、不确定性等特征也是影响空间权利界定的重要因素。首先，社会空间组成要素、实践主体、实践活动多种多样，且不同组成要素、不同实践主体、不同实践活动在性质、形式、发展规律、可量化性等方面都不尽相同。自然要素按自然规律运动，社会要素按社会规律运动，经济要素按经济规律运动（房艳刚，2006），这就导致很难用统一的理论方法和技术手段对社会空间开展研究。其次，各种要素还相互关联，通过复杂的耦合和交互关系组成社会空间整体（房艳刚，2006；姜仁荣、刘成明，2015）。再次，社会空间处于动态的变化过程中，无论是物质性空间还是非物质空间，都在实践主体作用下，在经济社会发展驱动下，不停地演变。最后，空间生产中存在大量的不确定性：一方面，社会空间不是一个独立的系统，其发展受各方面要素的影响，科技的发展、自然环境的变化、政治经济条件的变化等，都会驱动社会空间不同要素的发展，并呈现不确定性（房艳刚，2006）；另一方面，社会空间的复杂性特征，使其表现出非线性、外部扰动、内部结构不稳定等特征，这也必然导致社会空间系统的不确定性（房艳刚，2006）。产业用地空间生产中的不确定性主要体现在产业、建筑、收益等多方面的不可预测性（见表4.9）。

表4.9　产业用地空间生产中的不确定性

序号	要素	不确定性
1	实践主体行为	个人、企业、政府等复杂社会空间实践主体，其行为受自身及环境变化影响存在不确定性，进而决定着社会空间发展的不确定性
2	产业发展	产业的发展受政治经济环境、市场变化、地方产业发展状况及政策等影响，难以预期其未来发展的方向、规模、效益
3	土地利用形式	土地的最佳用途、最佳利用条件（容积率）等是变化的

续表

序号	要素	不确定性
4	建筑物生命周期	虽然建筑设计寿命为50年，但真实的寿命难以预判，且受地震等不确定因素影响
5	开发建设行为	政府、权利人等多方面因素可能导致建设无法按约定执行；实践中存在大量土地闲置、违法建设等行为
6	土地收益	土地租金及收益随着市场环境、产业发展情况等因素变化，无法进行准确预测

4.4.2 合约中的专用性资产

资产专用性对于事后交易费用及当事人行为有重要影响，Williamson 区分了四种类型的专用性：地址专用性（site specificity）、有形资产专用性（physical asset specificity）、人力资本专用性（human capital specificity）和专门性资产（dedicated assets）（Furubotn and Richter，2010；Williamson，1997）。前述专用性资产普遍存在于土地出让合约中（见表4.10），就土地出让合约而言最重要的是时空专用性，这是空间合约区别于其他合约的关键之一。

表4.10 专用性资产的投入

合约方	专用性类别	主要投入
所有权人	时空专用性	与价值和时间相关，且用途、利用条件等特定化，改变成本极高
使用权人	地址专用性	建立在特定城市
	有形资产专用性	按约定投入建设的厂房、建筑等
	其他	人力资源等

时空专用性是由于资产的价值天生与时间和空间有关（卢现祥、朱巧玲，2012）。特定时期，土地资源被用作特定用途后，很难重新用作其他用途，近似于不可再生资源。从土地资源的最优配置角度看，这种专用性的机会成本是极大的（谭荣、曲福田，2010）。时空专用性恰恰是交易本身决定的，虽然交易了有限的权利，但通过产权设定和实际建设赋予了土地用途、建设条件、产业发展等方面的专用性，排除了其他可能，也排除了其他使用者的进入。时空专用性导致履约出现问题的时候，时间尤为重要；

资产投入人往往不愿等待过长时间，以免租值耗散。时空专用性本质上是空间开发利用机会的专用性，一旦将开发利用权给到使用权人，所有权人很难改变这个现状，很难改作他用。这与空间开发利用的自然属性相关，即真正的专用性资产是开发利用权，是敲竹杠的真实原因。

在法律层面，时空专用性则是通过无限期的建筑物所有权实现占有。建筑物虽然有寿命，但与土地年期不一致，且建筑物可重建，因此建筑物的法律周期和实际寿命都可以是无限的。这就造成了土地有期限与建筑物无期限的法理矛盾，并在法律上使得时空间专用成为可能，使占用行为具备了一定的合法性。

时空专用性赋予占有方利用和谈判优势。时空的专用性在于时空的连续性，一旦形成后很难改变或者改作他用的成本很高。由于交易本身的对象就是时空间，且时空间的占用具有连续性，一旦建立联系后，时空间的使用就排除了第三方。一方面，时空专用性是由于开发利用权事实上掌握在使用权人手中，开发利用权具有不可分割性（分割在技术上成本很高），因此没有使用权人的配合，根本无法实现开发利用权利。另一方面，时空专用性使得占有空间的一方，在获取合约剩余的时候具备一定的优势，即谁占有了空间，谁就更能控制剩余。

4.4.3 合约双方关系不对称

合约之外的复杂政企关系嵌入合约产权关系中，必然会对合约关系产生重要的影响，进而影响空间生产自身；尤其是在规则较为模糊的情况下，政企复杂关系直接影响着合约的实施和再谈判。政府与市场的关系一直是改革开放以来的重点，计划经济与完全市场经济是政企关系的两个极端，然而渐进式改革路径下，从计划经济到市场经济转型期，政企关系较为模糊，边界不清晰（杨宇立，2007）。转型期政企关系具有模糊性，需从不同角度探索二者关系，进而分析其在土地出让合约治理中的作用。

（1）不对称关系是影响合约履行和再谈判的关键

不同学科、理论从不同视角研究政企关系，典型的有社会交换理论、公共利益理论、利益相关者理论、制度理论等（张咏梅，2013），这些研究都假设企业处于被动地位，在政企博弈中企业通过被动调整来适应外部变化。然而，真实的政企关系并非如此单一。如果企业单纯地依赖政府，则企业的事后违约行为很好治理。这种情况下，合约的履行很多时候靠权利人的自我实施，出现履约问题的时候，出于维护关系网络的需要，即使处境艰难企业也不愿走司法途径。因为在非对称关系中，企业需要在良好的政企关系以及眼前利益之间进行权衡，这往往促成合约的自我履行。

然而，现实中政府和企业是相互依赖的，资源依赖的优劣势也可能发生转换。在产权的界定及谈判中，资源控制及资源依赖对权力的配置有重要影响，在不同阶段、不同情形下，二者的地位不对称，这种不对称关系成为影响合约再谈判的关键要素。复杂关系网络，除了促成合约的自我实施之外，在关系不对称的情况下，也可能成为再谈判时候的重要筹码，影响合约剩余的分配。

从资源依赖的角度来看，权力来自他人对自己的依赖，依赖的不平等产生权力的不平衡，其中依赖性小的一方比依赖性大的一方拥有更多权力且处于有利地位，这是资源依赖分析的基础（张咏梅，2013）。在政府和企业博弈中，空间、产业、税收是最主要的资源，这些对控制者有利，舆论对弱势方有利（对占据舆论主导权的一方有利）。

（2）政企关系在不同发展阶段呈现不同特征

在新增供应时代，政府拥有土地资源及行政资源，成为唯一的土地及政策供应方。对于企业而言，要获得发展用地及优惠政策，唯有依赖政府；对于政府而言，虽然也依赖企业提供税收并解决就业问题，但特定的企业并非不可替代。在这种不对称的依赖关系结构中，企业对政府的依赖程度远远高于政府对企业的依赖，使得企业处于被动状态，也导致企业进行政企关系维护（张咏梅，2013）。

在这种不对称依赖关系结构下，企业对政企关系的投资也成为履约风险的重要来源。为了维护与政府的良好关系，在合约无法执行时，企业可能不再选择诉诸司法途径（第三方治理），导致合约治理手段失效（即合约失灵）。司法途径意味着长期维持的政企关系的破裂，而这种关系对于企业长远的发展至关重要。如果将政企关系网络简化为跟土地供应相关的双边关系，那么在早期阶段，政府由于对土地资源的垄断而占据主动；在此阶段，舆论并没有明显偏向一方，即舆论资源控制尚未呈现不对称性。

然而，随着政府控制的空间资源日益减少，社会存量空间资源日益增多，政府与企业间的不对称关系可能产生反转。一方面，出让并建设后，使用权人事实上控制着空间资源。由于资源稀缺，当城市发展进入存量阶段后，政府对资源的需求更加强烈，市场上的所有权利人在某种程度上可以共同行动形成资源的反向垄断；而由于资源的稀缺性及高价值，企业不愿将空间资源归还政府。当政府没有其他优势资源的时候，在存量开发时代就会处于被动局面。另一方面，由于政府面对大量的使用权人，其在舆论上往往处于被动地位。这种舆论资源的不对称，也会影响存量开发时代的政府行为。大量的使用权人可能拥有空间资源和舆论资源两方面的优势。现实中，政府与大型企业、国有企业的关系网络较为复杂，可能政府的优势地位不会发生逆转，但对大量没有复杂关系网络的企业，这种逆转是可期的。不对称政企关系如图 4.6 所示。

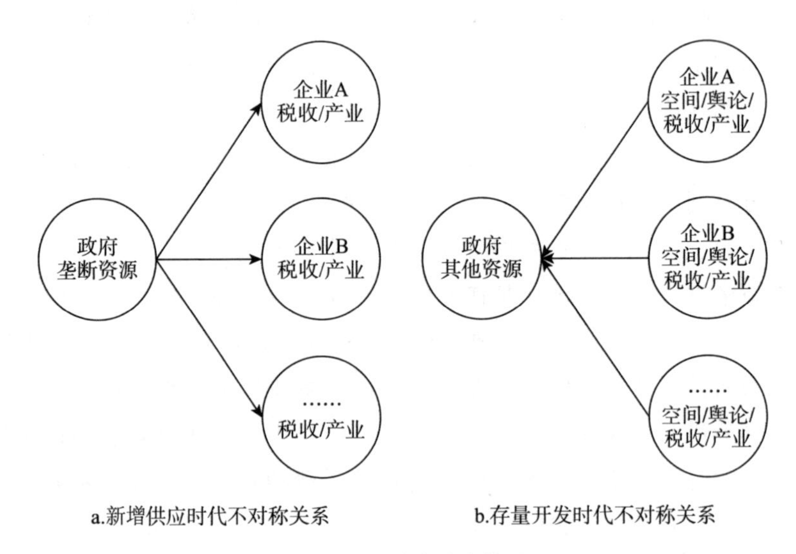

图 4.6　不对称政企关系

4.4.4　信息和代理人竞争问题

空间的利用极其复杂，也容易产生信息不对称问题。当新的剩余产生后，所有权人、所有权人代理人、使用权人都有可能利用不对称信息获取剩余。一方面，所有权人与所有权人代理人之间存在信息不对称。由于所有权人是国家，各级政府层层代理，这导致最基层的控制者获得了具体土地的实际剩余控制权。在新的剩余产生的时候，产权规则不确定，在重新谈判过程中，使用权人和代理人可能利用不对称信息谋利，从而损害所有权人利益。这也是造成相关系统内腐败滋生的重要原因。另一方面，所有权人与使用权人之间也存在信息不对称。事前和事后的信息问题都会影响合约的履行。在签约之前，如不能对使用权人和标的信息充分披露，就可能导致合约无法履行。由于空间资源的利用极其复杂，所有权人代理人无法对方方面面监管到位，会导致内部加建等违法建设行为发生。

此外，如果所有权人权利统一由同一主体行使，则谈判博弈的规则较为简单。而现实中，在经济发展、产业保障、空间拓展等多重目标驱使下，存在多个具有规则制定权的代理人与土地使用权人进行谈判，且代理人之间构成直接的竞争关系（见图4.7）。这种情形也会使所有权人在剩余分享中处于被动地位，并逐步导致所有权被蚕食。代理人竞争可能带来两方面的严重后果：一是代理人相互竞争，使得产权规则极不稳定，代理人以剩余分配为筹码，最终导致所有权人无法有效获取剩余权利；二是产权规则表现出异质性和差异化特征，表现为不同部门处理路径、收益分配规则等存在很大差别。

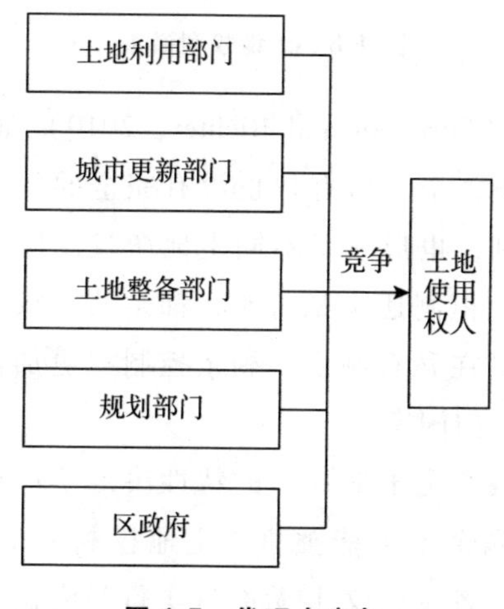

图4.7　代理人竞争

4.5　空间生产及治理特征分析

土地出让合约是公有制下的土地权利机制，实现土地控制权、土地收益的分配；同时，也是基于不对称政企关系的“关系性合约”，具有延迟交易、超长周期、不完全性、刚性约束、权利配置体系、混合治理、关系治理等诸多特征，在这些特征影响下形成了特有的生产特征和治理规律，进而影响着空间生产和治理效率。

4.5.1 公有制度赋予所有权人较强管控能力

关于土地制度的一个基本争议是，私有制和公有制哪个更有效率，现实并没有给出确切的答案。我国在改革开放以来取得的巨大成功，表明公有制不是无效率的产权机制，甚至在某些情况下具有一定的优势。土地产权制度或产权束的分配机制，像是一个连续的谱系（见图4.8），在完全不受国家控制的私有制和国家完全主导的公有制之间有很多可供选择的状态，各国由于发展历史和发展情况不同，采取的架构也有诸多区别。

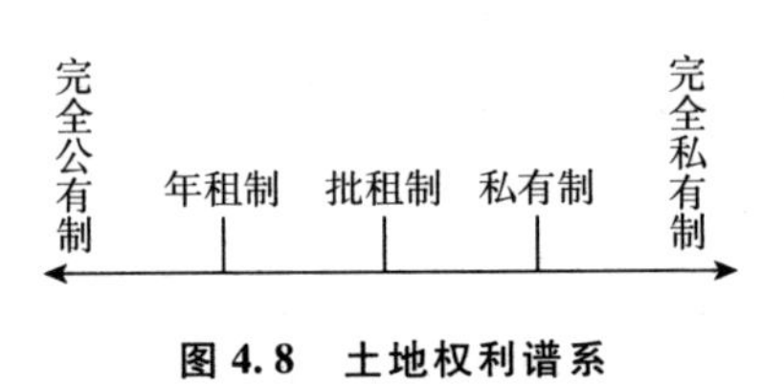

图4.8 土地权利谱系

批租制和私有制（Furubotn and Richter，2010）都是一种权利配置机制，即使是在私有制下，个人所有权也没有完全的剩余控制权和剩余索取权。这种共同性及区别，也形成了不同土地产权制度和管理制度对比分析的一般基础。无论是批租制还是私有制，都是共享权利，国家获得收益权和控制权的工具，只是在私有制下，剩余控制权更加偏向个人；在公有制下，剩余索取权更加偏向国家。

以上现象产生的根源是土地资产的特性决定了产权的相对性和合约的不完全性，进而导致剩余不可能独享，土地权利分享具有必然性。首先，从产权的相对性来看，各国名义上无论是实行私有制还是公有制，土地权利实际上都是在国家、个人之间分配和共享的，并无彻底的私有制，也少有纯粹的公有制，这其实也是公共域资源的必然属性。其次，从合约特征来看，土地合约本质上是一个权利再配置结构，是时空间资源在所有权人和使用权人之间的分配机制。时空间的不确定性和合约约定的刚性，必然导致在时空间上产生剩余，而时空专用性又导致土地权利在政府和使用权人之间共享成为必然。

在不同的土地制度下，名义上所有权的优势是在再谈判的时候具有道义、法律等方面的主动权，进而提高空间生产的整体效率（见图4.9）。我国和私有制国家之间在空间开发利用速度方面的差异，就是这种差异的体现。在私有制下，剩余权利的界定不存在代理问题，信息问题较少，但公共利益实现成本极高，政府需要通过税收等手段捕获土地收益，城市规划的实施成本也极高。在公有制下，剩余权利的利用成本极高，信息问题、代理问题等导致交易费用较高，但相较于私有制政府的管控能力和规划能力极强。

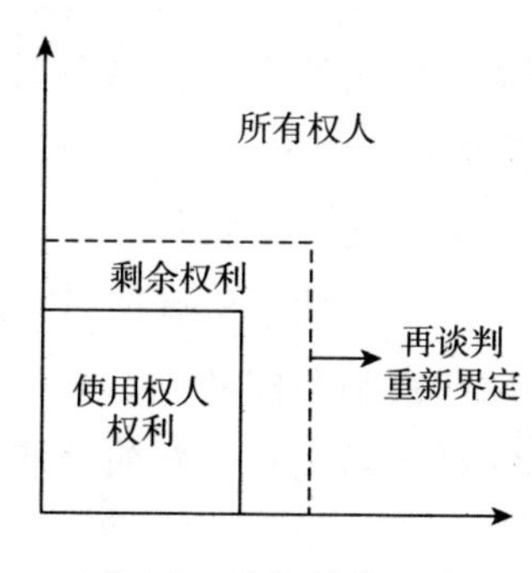

图4.9 产权界定示意

4.5.2 不完全性导致空间生产面临效率问题

不完全性必然导致履约问题。现有的出让合约对空间生产的部分事项没有约定，而用途、开发利用条件等都采取刚性化的约束，几乎没有弹性空间，再加上合约期较长，这就导致合约约定很难与社会空间生产实践保持一致（要么体现为权利人违约，要么体现为产权约定不合理）。不一致发生的时候，弹性机制的缺乏，导致合约很难处理现实问题；而如果合约设计之初留有适当的弹性空间，则不一致问题会大量减少。合约缺乏弹性和不确定性因素的出现，导致合约履行推迟或再谈判。根据对近十年深圳市出让合约的统计，很大一部分合约会面临再谈判问题并签订补充协议。

机会主义与效率损失。任何机会主义行为都必然造成效率的损失。当不确定事件发生后，由于占有了土地，且地上有建筑物，使用权人对所有权人主导下的应对规则不一定认可，并在利益驱动下采取违法使用、长期占有、对抗等敲竹杠行为，迫使所有权人让步，该过程需要耗费大量的人力物力进行处置、谈判，本身具有极高的成本。另外，合约谈判过程往往导致正常空间生产行为的延缓或停止，同时使得空间低效利用，进而造成空间效率损失。

4.5.3 时空专用性导致空间生产伴随产权博弈

时空专用性导致地利共享的必然性。私有制、批租制、年租制、模糊的农村土地权利，本质上都是权利配置合约，是对时空间资源的微观配置。无论哪种情形，产权界定都是不完全的，必然面临产权的再界定问题。然而，虽然名义上的剩余权利是归属于所有权人的，但时空专用性使得地利的共享成为必然。即使在城中村这种产权关系极为模糊的空间内，虽然法理上占用人仅拥有极其有限的权利，甚至没有权利（违法使用），但长期的占有使用仍然使其在剩余分享方面有一定机会。这里面蕴藏着产权演化的基本逻辑，即由于时空间的不确定性，所有的时空间权利配置系统都是不完全的，刚性的约束往往会导致剩余的产生，而时空间的专用特性赋予了实际控制空间一方争取合约剩余的优势，新的产权规则就是在双方的再谈判中确定的（见图 4.10）。

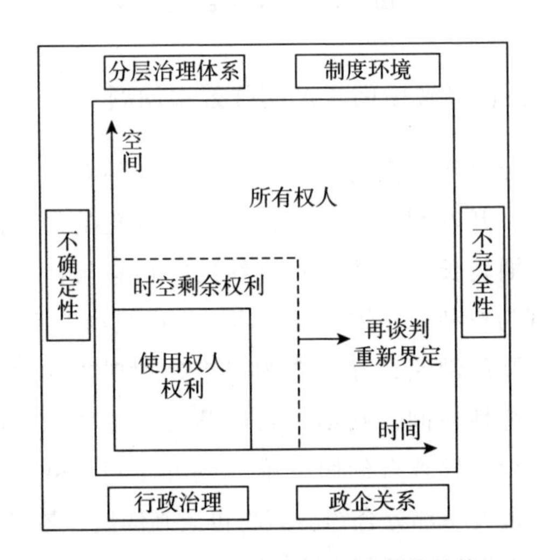

图 4.10 不完全的土地权利配置结构

在前述批租制产权结构下，空间产权关系的生产并非一蹴而就，而是一个长期的动态过程（见图 4.11）。①自上而下的产权设定。在政府掌握土地资源的增量阶段，所有权人通过城市规划、出让合约等途径行使设定权，对使用权的对象、权利、权能进行多角度限制。这个过程持续了近40年，在政府、外企、民企、国企、内外资本等多种力量共同作用下，产生了复杂的空间产权关系。从权利本质来看，这个过程其实是计划经济向市场经济过渡的过程，是所有权人通过向市场主体授权来激活市场活力，并提前获取未来土地收益的过程。②不对称政企关系下的产权博弈。这条路径内生于批租制本身，一方面，空间极其复杂，具有极高的不确定性，合约没法约定完全（没有约定、刚性约定），在超长的合约周期内，发生合约无法处理的不确定事件（产权关系与空间实践的不一致）几乎是必然的。另一方面，虽然名义上所有权人拥有剩余控制权，但由于时空专用性，新的合约剩余产生的时候，很多情况下只能通过谈判等方式由合约双方分享合约剩余，并重新签约或改变产权规则。这条路径与城中村等产权问题集中空间较为相似，再谈判就是一种博弈，在此过程中政企关系、经济文化背景等都会产生重要的影响。为了获得政策规模优势，政府会在少量谈判经验基础上直接出台政策批量解决问题，非正式的规则也会逐步演化为正式的产权规则。土地出让后，产权关系的动态生产一般通过这种模式进行。

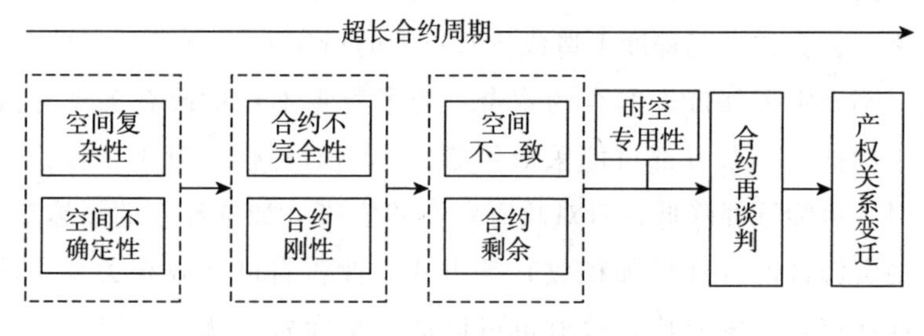

图4.11 产权关系变迁逻辑

4.5.4 不对称性导致所有权人处于弱势地位

合约原始安排只是实现了政企之间的局部均衡，当新的剩余产生时，均衡便被打破，双方通过再谈判等机制重新确定产权规则，共享合约剩余。面对这种情形，很多问题可以等合约期满后解决，然而由于合约周期较长会造成较大的社会损失（这对双方都有可能有损失），所以这些问题必须在合约到期之前解决。按照合约约定，所有权人是有管控权的。然而，由于缺乏明确的应对不确定性的机制，这些往往通过行政力量来解决。在此过程中，无论是政府还是权利人（企业）都有可能有动力利用不对称的政企关系在合约约定之外获得收益。

在土地出让中，地方政府是土地资源的管理者，也是合约的缔约方之一，为了发展需要等，政府可能利用自身的资源优势，迫使企业退出合约或在谈判中让步。同时，由于迫切改变土地的时空专用性质，原本具有绝对控制权的所有权人，会被迫分享剩余权利，回到谈判桌前重新界定权利关系。在现实世界中表现为管制手段难以实施（如土地难以收回），大量违法或事实占有行为产生后，政府与使用权人再谈判，甚至出台新的政策对权利关系进行重新界定。所有权人退让的另一个理由是其负有效益最大化的责任。从社会整体出发，政府需最优化配置资源，在以追求效益为首要目标的情况下，会做出妥协。在处理类似情形时，政府往往在谈判经验的基础上，出台新的规则处理纠纷。

作为使用权人的企业，也可能在不对称性反转后利用实际占有、舆论优势等攫取原本属于所有权人的合约剩余。尤其是土地出让后的存量时代，由于已经排除了其他竞争者，使用权人获得了很大的谈判优势。这种不对称关系带给使用权人的博弈优势，也是其可以分享所有权人合约剩余的重要原因之一，会在一定程度上造成所有权人的损失。

面对不确定事件带来的合约剩余，为了避免不对称政企关系导致在合约谈判中的被动，双方都可能采取策略减小不对称性。对于企业而言，处于劣势时，可能选择降低自身对政府资源的依赖（如选择新的场地等）、提高自己的资源价值（如增加税收）等方式来改善自己在政企关系中的不利地位。而在存量开发时代，政府也可以通过扩大资源优势、引导舆论方向等方式获得更高的谈判地位（张咏梅，2013）。

4.5.5 资产专用导致合约续签成为第一选择

合约到期面临的一个重大抉择是，以续签为普遍原则、收回土地为例外，还是以收回土地为普遍原则、续签为例外。然而，从出让合约特征来看，以续签为原则是必然的。一方面，时空的专用性使得到期收回交易费用极高。当以到期收回为例外的时候，政府还能应对少量群体的补偿诉求，通过行政或司法等手段强迫其退出合约、交回土地。而一旦到期收回成为普遍原则，政府要面对几乎所有的企业单位，不续期的越多，企业群体越庞大，博弈中关系越不对称。集体行动会导致政策沦为具文，难以实施。另一方面，产业相关专用资产的投入使得到期收回对产业影响极大。一旦以到期收回为普遍原则，大量收回到期产业用地，通用性建筑可复用，但大量建筑及企业其他方面的专用资产必然受到影响。这有可能使得产业无法继续发展，如果此类情形广泛存在，必然会对城市经济发展产生巨大的负面影响。

4.5.6 已出让土地的治理需改变治理思路

必须尊重空间生产的客观规律，持续优化空间治理体系。从微观层面来看，前述合约特征源于复杂且高度不确定的空间生产规律，合约结构下的生产特征客观上要求不断优化合约结构以提高空间生产效率；从宏观层面来看，出让合约是治理体系的集中体现，因此本质上是要求不断完善空间治理体系；从合约结构特征来看，迫切需要的是解决渐进式改革路径下产权规则的不确定性问题，以及调整优化复杂的政企关系。

必须认识到土地公有的制度优势，避免无谓的公私之争。空间特性使得空间权利的公私分享成为必然，也使得市场机制难以充分解决空间资源的配置和收益分配问题，而公有制赋予了政府较强的管控能力，使得规划容易落实、公共利益容易实现。但也必须认识到公有批租制下，代理问题、信息问题等会带来很高的治理成本，在发挥好制度优势的同时，必须解决好制度问题。

必须认识到产权博弈的必然性，改变自上而下的管制思路。土地一旦出让，合约的不完全性及时空专用性就会使空间生产过程中的产权博弈成为必然。这使得存量国有土地的治理与一级市场土地出让完全不同，没有任何一方能完全掌控土地权利。如果说土地出让是权利再配置的过程，那么出让后的空间生产就是权利再配置的延续，前一种情形下政府主动放权，后一种情形下政府被动参与到产权博弈中塑造产权关系。市场力量也是在这样的生产过程中逐步成长，促使存量用地由市场和政府共治的局面。这就要求政府改变自上而下的管控思路，在到期治理中尊重产权演变的规则和市场的诉求。一味坚持法理逻辑而忽略空间规律，必然造成治理效率的低下。

4.6 小结

本章分析了空间生产合约的组成要素及治理结构、空间生产合约特征、合约关系约束下的空间生产及治理特征，主要结论体现在以下几个方面。

（1）空间生产合约特征

出让合约具有不完全性、资产专用性、合约双方关系不对称、超长周期等特征。不完全性源于空间资源的复杂性及不确定性，进而造成两方面的不完全，即部分要素没有约定、部分要素过于刚性没有对可能变化进行约定。时空专用性是影响事后治理的关键，赋予了实际控制方博弈优势。除显性的治理机制外，复杂的政企关系网络也嵌入土地合约，且呈现不对称特征，影响合约实施及再谈判。由于合约周期超长，过于刚性的约定反而会导致合约被破坏，当治理机制无法有效处理的时候，必须重新进行谈判，即产权规则的再界定。代理人竞争和信息问题也是影响合约效率的关键要素。

（2）空间生产及治理特征

空间合约的不完全性及诸多特征导致空间生产必然面临效率问题，因此需要持续优化合约结构及整体治理体系。时空专用性导致空间生产伴随着产权博弈，这也说明没有纯粹的私有制和公有制，无论法律如何约定，实际合约剩余产生时，就会发生合约再谈判，并由双方共享合约剩余。没有所有权的一方会通过机会主义行为（敲竹杠、占有、违法利用、隐藏、合谋）等获取剩余权利，在此过程中政府处于弱势地位，面临所有权丧失的风险。与私有制相比，公有制下所有权人（政府）名义上拥有剩余控制权，事实上政府有较强的管控能力。

（3）到期治理特征

资产专用性决定了合约到期续签是第一选择。以普遍续期为原则和以普遍终止为原则是两种截然不同的合约选择，由于各方面专用资产的存在，如以普遍终止为原则，一方面交易费用极高、政策会沦为一纸空文；另一方面会导致大面积的产业重构，影响经济社会可持续发展。存量时代产权博弈具有必然性，到期治理需要改变自上而下的管制思路，尊重空间规律和市场诉求。

第5章

空间生产合约的优化与设计

出让合约是社会空间生产的参照点，合约效率决定空间生产效率。空间生产合约结构的优化，本质上是改进空间生产的制度结构，进而提高空间生产效率；是对“合约-行为”作用机制的优化。本章进一步分析合约优化的必要性和存在的问题，然后基于不一致性检测分析空间生产过程中的合约问题并提出优化策略，分析空间再生产面临的问题及其时机的选择，并提出合约期限选择和合约完善的建议，分析支付特征并提出支付方式的确定策略。

5.1 空间合约优化问题及资料来源

5.1.1 续期时的合约优化问题

（1）合约的一般特征要求对合约进行持续优化

根据第4章的合约结构分析，空间合约具有不完全性、专用性资产、不对称关系、信息不对称等方面的问题，这就使得合约的设计至关重要（Furubotn and Richter，2010）。从深圳产业用地治理实践来看，也必须通过合约选择设计降低合约成本，提高空间生产效率。首先，产业用地供应由政府控制，一级市场的交易也并非完全的竞争性环境。不同阶段，政府根据资源禀赋、产业发展目标等制定差异化的供应政策。其次，虽然2007年之后一段时间，产业用地实行了招拍挂出让，但历史上绝大部分产业用地仍然以协议出让方式供应，不存在竞争或竞争不充分。此外，自有偿使用制度建立以来，国有土地出让合同呈现较为稳定的特征。虽然执行层次方面存在诸多问题，但尚未对这些问题进行系统的研究、对其效率问题进行深入的剖析，从合约和产权角度进行的分析也极少。因此，从防止履约问题出现、提高合约效率角度出发，必须重新审视产业用地出让合约，并科学安排关键要素。

（2）到期续期的特征要求对合约进行优化

从交易频率、不确定性、资产专用性等交易维度及当事人的平等关系、自由等签约基本原则来看，国有土地使用权续期与一级市场的土地使用权交易又存在极大差别，其主要特征包括以下几个。①不是完全自由签约，而是双边锁定。由于专用性资产的存在，续期时不可能将所有用地收回后按新地重新供应。因此与一级市场土地供应流转最大的不同是，续期时合约双方是确定的。这种双边垄断关系下，续期时的问题是是否签约和如何签约，而不是与谁签约，即如何确定签约主体。这使得续期时不存在第三方竞争，可能导致资源无法得到有效配置，在收益分配、使用条件的确定等方面，所有权人和使用权人都可能面临被对方敲竹杠的风险。在双边垄断情况下博弈双方的合作解在零与所有剩余之间浮动，并且双方都希望占有最大价值（赫勒，2009），因此交易成本可能是相当高的（波斯纳，1997）。②不确定性、资产专用性等依然是影响合约履行的重要因素。续期并不能从根本上解决土地出让合约的不完全性问题，因此威廉姆森分析的几项交易的基本特征仍然对合约具有重要影响。虽然，出让和续期等交易的频率极低，但由于续期的年限长短与续期的次数存在一定关系，所以续期交易的频率与合约周期的长短会对整体交易费用的变化等产生影响。③信息不对称严重影响所有权人权益。续期时的信息不对称问题较初次出让时更为严重。出让时，存在一定程度买家竞争，通过价格机制，可以克服部分信息问题；续期时，由于竞争的缺乏和资产实际由使用权人掌握，信息问题对所有权人而言是非常致命的，除公开的政策措施、规划信息外，所有权人几乎没有任何信息优势，而使用权人对产业发展状况、建筑物状况等都具有信息优势，因此必须避免信息不对称引发逆向选择等问题。前述特征表明，国有土地使用权续期不是完全竞争市场下的自由平等交易，几乎违反了古典和新古典合约的所有基本原则，因此可能面临所有的事前事后问题，道德风险、逆向选择、敲竹杠等各类问题都可能影响最终的合约效率，所以必须谨慎选择和设计续期合约。

（3）年期等关键要素的确定也是合约选择设计问题

出让合约的大部分要素是由政策规定的，因此大部分情况下属于外部选项。现有关于续期年限等续期关键要素的讨论，研究视角都未聚焦于合约本身。然而，周期、付款方式等本身都是合约的关键要素。从合约理论来看，此类要素内生于合约本身。缺乏合约视角，就无法对可能的履约问题进行系统分析，进而导致实践中的各种问题。因此，利用合约原理，探讨续期时的续期年限、收费方式、监管方式等关键问题，也是合约选择研究的关键。

5.1.2　主要的不一致问题及资料来源

产业用地出让后合约约定与空间实践的不一致情况较为严重，部分是约定与实践不一致，部分是没有约定但可能引发合约调整的不一致问题。合约修改是不一致性的最直观标志，而近十年来签订的产业用地出让合约，很大一部分对合约要素进行了修改，并签订了补充协议。理论上，产业用地上的社会空间各个方面都有可能与合约约定产生冲突。从调研来看，过去几十年来，深圳市产业用地出让后不一致情形较多（见表5.1），且各类情形都引发了大量的管理成本。

表5.1　空间生产合约的事后不一致性

空间生产内容	环节	不一致性	可能交易费用类型
物质空间开发建设	开发建设行为	未按约定开竣工	管理费用、空间损失
	空间使用情况	土地闲置/已批未建	管理费用、空间损失
物质空间再生产	物质空间再生产	实际用途不一致	违建监管费用
		实际容积不一致	
		建筑寿命不一致	
	空间管制要求	规划用途不一致	规划实施费用
		规划容积不一致	
产业空间生产	产业空间生产	外部约定/内部约定与发展要求不一致	缺少约束导致损失
		产业生命周期不一致	

续表

空间生产内容	环节	不一致性	可能交易费用类型
收益分配	地价缴纳	收费与支付能力和意愿不一致	谈判费用、管理费用等
治理机制	空间经营	与产权约束不一致	监管费用

社会空间生产与合约约定的不一致问题主要有以下几个。①开发利用行为方面的不一致，即使用权人不按合约约定开发建设。②土地用途方面的不一致，合约约定、规划、现状使用三种用途不一致问题。容积率偏低问题，即合约约定、现状使用容积率偏低，造成空间资源的浪费。③产业发展问题，地上产业不符合深圳要求、产业周期与合约周期不匹配。④建筑物寿命问题，建筑物寿命与合约周期不匹配。前述所有不一致问题都体现在空间的生产和再生产过程中。其中，建筑物寿命、产业发展周期是客观规律，需要调整产权关系以进一步适应；规划用途、容积率、产业类型等是空间实践中的管制要求，存在一定主观性，也容易引起矛盾。

在物质空间生产、产业空间生产中主要是避免各种履约问题和机会主义行为的影响，提高空间生产效率。再生产本身也是空间生产过程，是在空间生产的一般性问题基础上增加了决策问题，即再生产时机的选择，这是再生产研究的关键。而合约的周期对再生产的进程具有重要影响，因此要研究优化合约周期，使其不影响再生产的时机和决策。

本章后续分生产效率优化、再生产时机选择与合约周期优化、支付形式优化三部分论述。每部分都结合产业用地出让实践，分析空间生产中的不一致、交易费用对空间生产效率的影响，并在交易费用形成原因和机理分析基础上，提出合约优化的思路和措施。为了对前述不一致性进行分析，本书收集了十余种深圳市工业区调查、规划、土地现状用途等方面的数据，并应用 GIS 空间分析技术、案例分析法等进行了数据的预处理。

5.2 空间生产：条款设计与治理结构优化

空间生产过程中存在的问题主要是权利人未按期开竣工、土地闲置、已出让土地未建设以及产业低效发展或不符合发展导向等，这些都严重影响空间生产效率，并导致空间效率损失。

5.2.1 主要问题及损失

（1）空间生产问题及效率损失

未按期开竣工、土地闲置及已出让土地未建设（已批未建）是土地开发利用（空间生产）环节面临的主要问题。深圳市已供应产业用地未按时开竣工现象较为严重，超七成产业用地没按时竣工（李舒瑜，2016）。根据深圳市审计局公开数据，仅2011年、2012年通过招拍挂方式出让的82宗产业用地中，未按土地出让合同约定时间开工的项目有35个，占43%；未按约定时间竣工的项目有58个，占71%，部分项目延期超过3年，影响土地效益发挥（李舒瑜，2016）。

土地闲置和已批未建情况也极为严重。十多年来，深圳市累计处置闲置产业用地达几百宗，根据2023年3月深圳市规划和自然资源局公布的数据，尚处于闲置状态的各类产业用地（居住、商住混合用地除外）有64宗，总面积达177公顷（深圳市规划和自然资源局，2023）；在已批未建地方面，根据《深圳市已批未建土地处置专项行动方案》，截至2017年底，深圳市已批未建土地共564宗，总用地面积11.94平方公里（深圳市规划和自然资源局，2019d），其中很大一部分为产业用地。虽然近年来，政府部门加大力度整治土地闲置和未按期开竣工问题，但此类问题依然大量存在。

大量土地长期闲置必然造成很大的空间效率损失。2023年公开的产业用地闲置土地信息中，闲置时间从1个月到15年不等，闲置时间超过一年的达44宗，超过5年的有23宗，超过10年的有10宗（深圳市规划和自然资源局，2023）。由于空间的价值与时间高度相关，在空间生产活动一直无法正常开展的情况下，闲置等问题持续时间越久处置成本越高，空间效率损失就越大。

（2）产业发展问题及效率损失

深圳在发展过程中，虽然在开展招商引资时会与企业谈及产业发展，但大部分情况下土地要素的供应与产业发展是脱离的。从深圳经济特区成立之初到2005年左右，深圳市尚处于产业扩张的时期，土地利用低效、产业粗放发展等问题一直存在。客观来看，在早期增量扩张年代，土地资源充足，增长是第一位的，不可能对产业的类型等进行过多限制，因此土地出让时不对产业情况进行限制也是正常的合约选择。进入21世纪，深圳逐步开始进行产业转型升级，同时土地资源瓶颈逐渐显现，在此情形下，深圳逐渐重视土地发展效益，新供应用地逐步增加了对产业发展的限制，通过产业引导条件筛选优质企业入驻深圳。同时，已供应的存量用地也逐步开始二次开发改造，并进行产业转型升级。

虽然自 2016 年起已将产业发展要求作为合约的重要内容，但在 40 多年的发展过程中，绝大部分已出让产业用地并未签订发展协议，地上产业与深圳市发展导向不符问题较为突出。从社会效率角度出发，在空间资源极其有限的情况下，低效产业的存在本身就是空间效率的损失。新时代，深圳努力融入全球经济和贸易格局，力争向更高层次的现代化高科技产业体系推进，通过规划引导、政策优惠、金融扶持等多种手段向以研发设计和高端制造为核心的高新技术产业，以现代金融、物流和文化为核心的高质量服务业发展，而土地资源瓶颈制约着深圳的发展，因此需提高空间利用效率和质量，通过效率和质量的提高突破空间瓶颈。

5.2.2 形成原因分析

(1) 不能按期开竣工

根据对存在开竣工问题案例的详细分析，本书发现造成开竣工问题的原因是多样的。

第一，合约语言的模糊性导致存在证实困难。合约并未明确界定开竣工的含义，这种模糊性在政策中也存在，对开竣工的表述并不统一，导致合约履行情况判断困难。在实际操作中，对开竣工含义的界定是通过外部政策来确定的，但不同政策之间存在矛盾。例如《办理延长土地开工竣工期限工作规则（试行)》明确开工是指土地使用权人取得建筑工程施工许可证；而《闲置土地处置办法》定义的动工开发是依法取得施工许可证后，需挖深基坑的项目基坑开挖完毕，使用桩基的项目打入所有基础桩，其他项目地基施工完成 1/3。

第二，开发建设时限设定标准存在差异，合约约定缺乏弹性。国家和市级政策对开发建设期限的约定较为刚性。然而，从操作经验来看（见表 5.2)，不同类型项目应设定差异化的开发建设时限。根据现有政策，产业用地约定的开发建设期限与地块容积率、建筑限高无明显的内在关系，但实际的开发建设时间是与工程量成正比的。

表 5.2 实际开竣工期限经验值

建筑规模	开工	竣工
不超过 5 万平方米	一年内动工	两年内竣工
大于 5 万平方米但不超过 15 万平方米	一年内动工	三年内竣工
大于 15 万平方米	一年内动工	四年内竣工

第三，治理机制无法有效约束使用权人行为。专用性资产、较低罚金等使得治理机制失效。开竣工问题的主要的治理手段是罚款，然而《深圳经济特区土地使用权出让条例》等法律法规和政策文件规定的违约金比例极低，加上产业用地地价不高，无法起到应有的惩处和约束作用。此外，处置政策的冲突、延期处理依据不足等也导致治理机制不完善，无法有效解决开竣工产生的各类问题。

第四，为了加快供地速度未净地交付等。土地供应时存在场地未平整、市政配套不足等问题；土地供应后，又可能存在变更相关地块规划，导致合约无法履行的问题。

第五，其他原因。①负外部性导致的上访等。在厌恶型设施等建设过程中，空间的负外部性引发周边居民上访，导致交易费用较高，无法按期开竣工。②不确定性导致的交易费用。自然灾害等不可抗力、市场经济环境变化导致使用权人无力开发。③信息不对称问题。使用权人资金困难、开发建设能力有限等导致无法按期开竣工，此类问题大多源于出让阶段的信息不对称，会导致资源配置的扭曲。

（2）已批未建及土地闲置

造成已批未建和土地闲置的原因是多方面的（深圳市规划和自然资源局，2019c）。从使用权人的角度来看，信息不对称、企业机会主义行为、不确定因素的影响是主要原因。

第一，信息不对称。部分土地因债务纠纷、开发建设经验不足等而闲置或已批未建。这源于信息搜寻不到位，在非竞争市场条件下，土地出让前未对使用权人情况进行充分调查，造成出让后无法开发建设。

第二，企业机会主义行为。部分用地单位无开发意愿，存在恶意囤地之嫌，已出让土地调整容积率或变更土地用途相关政策导致获利空间很大，部分产业用地权利人获得建设用地使用权前后通过主动涉入债务纠纷等方式延缓开发进度，博取土地增值收益。

第三，不确定因素。不确定因素主要包括两方面内容，一是资金紧张，这在2008年全球金融危机时较为突出；二是产业转型升级，早期协议出让产业用地门槛低、供应量大，随着产业结构的调整，部分土地原定产业方向已不能适应经济社会发展需求，使得土地无法按照既定时序开发。

此外，规划土地制度不协调、新旧制度摩擦等也是造成已批未建的重要原因。

第一，规划土地制度不协调，导致原批准用途或容积率与现行规划不符而无法开发建设。2007～2012年，深圳市开展“法定图则大会战”工作，虽然解决了规划审批依据问题，但对部分已批未建用地规划功能进行了调整，从而影响了土地开发建设；轨道交通和市政道路等公共利益项目实施也对部分用地的开发建设造成影响。规划调整是造成已批未建的主要原因之一，这将在后文中进行详细论述。

第二，新旧制度摩擦也是造成已批未建的重要原因。部分用地被划入生态控制线内而无法开展报建手续，部分用地涉及城市更新项目的实施未能及时建设，部分用地受楼堂馆所禁止建设等政策约束无法建设。制度摩擦本质上是制度变迁成本的转移。我国土地资源的市场化改革呈现典型的渐进市场化改革特征（彭雪辉，2015）。国家授权深圳等城市先行尝试，总结经验后再在全国推广。然而往往一部分改革经验无法在全国推广，造成试点地区和城市与后期国家出台规定不统一（卢现祥，1999）。此外，增量改革是在保留旧体制的基础上，给予新制度实验空间，新制度成熟后完成新旧体制的并轨（卢现祥，1999），新旧制度在过渡过程中的摩擦会产生新的无效率（樊纲，1994）。政策变迁导致政府无法继续履行合约。宏观来看，新旧制度摩擦导致的交易费用正是制度变迁的部分成本。当然，在自上而下的改革路径中，对于微观层面的细节不可能全面把握，这种“信息”不对称扭曲了新制度实施成本，导致成本分摊机制缺失，最终成本过高导致合约无法履行。因此，此类交易费用是改革的实施成本转换而来的，主要原因是信息不对称和成本分摊机制缺失。

第三，治理机制不完善。治理机制不完善主要体现在批后监管执行力度不够、惩罚机制和退出机制不明确上。已批未建用地开工延期和闲置土地的收费标准相对较低，土地价值上涨带来的增值收益远远大于违约金和闲置费，无法起到有效惩罚作用，导致部分用地单位投机囤积土地。此外，土地收回执行难度较大，个别用地单位故意制造诉讼案件使土地被查封；有偿收地的补偿标准和工作机制不明晰，整体处置难度较高。

第四，其他原因。土地开发条件未成熟，早期未完全执行净地出让政策，部分土地出让时不具备开发建设条件，存在道路不通、拆迁补偿未完成等问题；早期协议出让的部分用地约定补偿关系由受让人与原农村集体之间自行厘清，一旦出现补偿经济纠纷会影响土地开发。

（3）产业低效发展问题难解决

虽然深圳市政府制定了大量政策来限制低效产业的存在、扶持其转型升级，但合约未约定情况下，执行难度仍然较大。

第一，产业发展状况治理合约机制缺失。由于早期土地资源充足，政府的主要动力是进行招商引资和土地开发，对于土地利用效率、产业类型、投入产出水平等并未提出要求。然而，随着资源日益稀缺，产业高质量发展的需求日益强烈，对投入产出水平、发展规模、产业类型等都产生了新的要求，早期投产的低效产业已经不符合深圳发展要求。虽然出台了大量政策，但低效产业的治理成本较高。

第二，非市场化供地导致市场治理机制失效。绝大部分产业用地是以非市场化的协议出让方式供应，拿地成本较低，这在一定程度上扭曲了产业发展的真实成本，使得低效产业得以继续生存和发展。

第三，非产业化开发提供了其他选项和激励。部分低效产业无法继续生存，寻求通过工改居、工改商等城市更新途径进行二次开发，获得高额的土地级差收入。此类现象存在传导示范作用，在高额利润的刺激下，原本健康发展的产业用地主体，也会逐步抛弃实体经济发展，转型进入房地产开发领域获得高额回报。在此过程中，使用权人还会设法修改法定规划、寻求政策突破，对治理机制造成恶劣影响。

5.2.3 交易费用分析

交易费用的分类、界定和测度一直是难以解决的问题。广义的交易费用是指一切制度成本，而实践中一般将交易费用分为市场型交易费用、管理型交易费用和政治性交易费用（Furubotn and Richter，2010；卢现祥、朱巧玲，2012；袁庆明，2014）。由于政府在出让合约中是双重身份，出让合约也体现民事合约和行政合约的混合（宋志红，2007b），因此交易费用方面，也包含市场型交易费用和管理型交易费用。桑劲（2011）对城市发展过程中的交易费用进行了梳理，认为交易费用主要包含非生产性成本（如信息获取成本）及制度成本。结合两种分类体系及前述问题出现时的处理实践，本书将空间生产过程中的交易费用分为两大类：政策成本和处置成本。其中，政策成本是指为了处理空间生产过程中的各类问题，政府建立和完善政策的成本；而处置成本是指处理空间生产过程中出现的各类问题时，产生的与监督、协商相关的成本。前一种成本通过分析政策来进行说明，后一种成本应用案例说明。

（1）政策制定交易费用

为了提高空间利用效率和产业发展质量，深圳市政府及各区政府出台了大量政策进行管制，并建立了复杂的行政机制来处理空间生产中遇到的各类问题，期望通过加强对已出让土地的有效监管，杜绝变相囤地和土地闲置的发生，促进存量土地高效利用。

政策制定交易费用与政策的数量及单个政策制定费用相关。政策的制定本身是一个政治性过程，会产生大量的交易费用。在此过程中也会存在大量的信息、机会主义等问题，并产生大量的信息成本、谈判成本、合法化成本、代理成本、运转成本（黄新华，2012）。几乎每一项政策的制定都会包含前述成本，具体与不同城市、部门政策制定机制相关。

政策制定过程中投入的人力、财力、物力及政策制定过程能反映政策制定费用。深圳市每一项政策的制定都需要进行大量的调研访谈、理论研究、数据测算，然后制定政策草案；草案制定后，一般要在内部进行十几轮至几十轮讨论修改；草案成熟后，进行内部审议；后续征求相关职能部门意见；部分政策还需报市政府审议、公开征求社会公众意见并进行合法性审查。整个过程一般要持续1~5年，部分政策可能需要十余年修改和完善。

（2）个案处置交易费用

开发建设、发展产业等空间生产环节的合约问题除了会造成较大的空间损失外，还会产生较高的行政成本。为了处置土地，政府和企业长期拉锯和谈判，耗费大量人力物力。媒体广泛报道的S公司闲置土地案的处置过程可以充分展示闲置土地处理的困难。S公司有50多万平方米用地长年闲置，闲置时间7～9年不等，其原因被认定为“企业自身原因”，该公司的闲置土地涉及的工程多次延期开工，闲置导致多起经济、行政纠纷。以其中某地块为例，其处置过程极其复杂（陈靖斌、童海华，2018）。①2006年S公司受让该地块的国有土地使用权，按合同约定应在一年内开工并在2008年竣工。②2008年S公司与相关部门签订补充协议，将竣工时间调整为2010年。③至2010年9月，S公司仍未开工，相关部门下发闲置土地检查通知；同年11月，S公司向相关部门提交了项目用地延期报告的申请。④2011年，S公司将该地块股权转让给Y公司，并约定如需补缴地价、违约金或因延期开工引起的各项税费、手续费等各种费用，则由S公司负责支付。协议签订后，S公司并未如约支付土地闲置费以及罚款等各类费用，因此Y公司、S公司因股权转让纠纷诉至当地中级人民法院。此外，在此过程中S公司多次发起行政诉讼，以闲置土地认定事实不清、证据不足、程序违法等为由，请求法院撤销闲置土地认定书，但均被驳回。该案例也充分表明，空间生产过程中的合约问题处理可能涉及查处、协商、处置、签订补充协议、听证、查封等多种事项，所耗费的人力、物力、财力巨大。

5.2.4 合约优化措施

根据前文分析，约前的信息不对称、合约语言的模糊性、合约条款的刚性、机会主义行为、所有权人的决策变动（规划和政策的变动）、治理机制失效和缺失都是空间生产中产生交易费用和履约问题的重要原因。因此，需要优化约前、合约拟定、约后管理等各个环节，全面提高合约效率。

（1）提高约前的信息对称性

约前信息主要包括使用权人的投资能力、开发意图、投资计划、产业发展计划，交易土地的整理情况及可能存在的争议和矛盾。从政府治理角度，政府既要加强对使用权人基本情况的考察，也要主动披露标的信息，避免事后开发困难。

（2）完善合约表述和约定方式

一方面，尽可能采取较为精确、可判断、可事后证实的语言，避免在合约履行情况认定方面存在争议。另一方面，需要弹性约定开发建设时限。针对不同行业、建设规模，采取差异化的开竣工期限要求；对于开发建设较为专业且耗时较长，以及规模较大的可适度延长其开竣工期限，甚至不明确约定竣工时间。

（3）增加产业发展约束条款

从外部嵌入约定转为合约内部约定，增加产业发展相关条款，对于产业类型、投资情况、产出效益、产值税收及认定标准等进行约定，使后期履约问题认定有据可依。降低嵌入型约定的交易费用。

（4）完善所有权人决策机制

完善规划机制，从蓝图式规划转变为存量规划，将产权关系纳入规划研究范畴，充分评估规划的实施成本，避免规划的频繁调整。完善相关政策制定机制，尽量减少制度摩擦，避免合约无法履行。完善规划和政策的成本分摊机制，并在合约中进行初步界定。

（5）完善合约治理机制

根据上一章的分析，出让合约的显性治理机制是行政化的监管体系和第三方调节等。然而，发挥更大作用的是政企关系网络。即使如此，现实中前述空间生产问题依然严重影响合约和社会效率。与普通的市场合约不同，土地出让合约面临的治理机制选择是在产权限制、行政监管、隐性政企关系、社会信用治理（更广泛的关系网络约束）方面的选择。从各种机制的对比来看，逐步摆脱产权限制，采用社会信用治理是较好的选择（见表5.3）。此外，在监管内容方面，存量利用的低效率与深圳对高质量发展的追求之间的矛盾，需要在续期环节通过产业评估和监管来解决，这虽然会增加技术性监管成本，但远远低于巨大的空间损失和双方博弈下的转型费用。

表5.3　治理机制的对比分析

	行政监管	隐性政企关系	产权限制	社会信用治理
主要特征	利用复杂的科层级机制和政策来进行治理	利用政企之间的复杂关系进行约束	通过交易限制，治理土地投机等行为	公开透明，将企业行为嵌入社会规则进行治理
交易费用	技术性、行政性交易费用极高	关系的维护 行政风险	市场流转成本 不能流转造成的社会损失	信用体系建立的边际成本
治理效果	仍然存在大量违约问题	仅对部分企业有效	效果有限，以诉讼、股权转让等形式变相流转	可有效约束各种违约问题

5.3 空间再生产：条款设计与周期选择

社会空间发展过程中，物质空间、产业空间、管制空间等不同的维度会发生分化，且分化的时间节点很难一致（产业发展周期、规划周期、建筑寿命等不一致）；分化发生后需要进行空间的再生产，再生产可能是单一维度的再生产，也可能是社会空间的系统性重构。在此过程中，合约周期会影响再生产的进程（受时空专用性影响，合约的退出、修订等存在成本；合约未到期再生产成本较高）。合约周期选择的逻辑是：合约周期尽可能与再生产时间节点一致，尽量减少因再生产延迟而造成的空间效率损失。

5.3.1 再生产情况分析

物质空间再生产会导致用途变更或容积提升，因此容易从历史数据中识别。通过叠加城市用地现状数据核查，出让合同确定的用途与现状用途不一致现象较为突出。一般而言，产业用地出让后用途转变有以下几种情况。

第一，规划变动。早期部分用地出让时尚未编制法定规划，后期法定规划确定的用途与出让合约约定的用途不一致；或出让时按法定规划确定了土地用途，但后期规划修编时调整了规划用途，导致合约用途与规划用途不一致。此类变更可能发生在土地开发建设之前，也可能发生在土地开发建设完成之后，并通过城市更新等途径进行重建。

第二，产业转型带动用途转换。部分用地出让后，因产业转型，连带建筑物功能等发生改变。例如，某商业街部分土地原出让合约约定用途大多为产业用地，但随着该商业街转型升级，其业态、建筑物功能都发生了重大变化。该案例是多种权利主体，运用多样的规划、设计、融资等手段，推进商业街从工业空间、消费空间到创新空间的转型的典型（刘倩等，2019）。

第三，建筑物老旧等带动用途转换。早期建设的建筑物质量不高，老旧现象较为突出，在权利人自发或政府引导下，通过城市更新等途径建设商品住房和商业建筑，导致用途发生变更。

就社会整体效率而言，按规划实施的再生产都是整体效率的提升，但是对具体合约经济价值而言可能是降低的。典型的情形是将用途变更为公共管理与服务用地、公用设施用地、交通设施用地、绿地与广场等。由于此类建设形成的经济价值不高，原合约权利人按规划实施收益有限，此类变更往往需要在政府主导下进行。

5.3.2 规划变更情况分析

从社会空间生产的角度，规划是政府的决策机制，可通过城市规划来确定空间资源的社会最优使用策略。然而极短的规划期与超长的合约周期之间的不一致、蓝图式规划引起的大规模空间重构等都会极大地提高规划实施成本，同时使得社会最优滞后，引发空间效益的损失。

（1）决策周期：高频率的规划调整

改革开放以来，深圳市城市总体规划修编了5轮，平均8年一次，而其他层次的规划修订频率更高。这种高频率的调整有一定的必然性。一方面，社会空间处于动态的演进过程中，社会空间的生产是不断优化的过程，必然伴随着对已有空间的不断改造和再生产。在此过程中，城市规划作为最重要的空间政策，发挥着引领性、指导性和约束性作用。另一方面，深圳40多年的高速发展是高度压缩的过程，40多年经历了其他国家和地区百年的发展历程，由此规划也要不断调整以适应发展形势和需求，这也导致规划的频繁调整与变化。

（2）规划调整情况

经过多轮的规划修编，已有大量已出让的产业用地规划发生了变更或受规划用途管控而不能按合约继续使用。在用途调整方面，有大量产业用地规划主导用途变更为非产业类用途，合同约定用途与规划用途不一致的现象十分突出；在管控要素要求方面，深圳市划定生态控制线后，将部分产业用地划入生态线内，此类用地以后较难按产业用途继续使用；在开发强度方面，仅符合《深圳市扶持实体经济发展促进产业用地节约集约利用的管理规定》的88平方公里产业用地，如全部按此政策提高开发强度，可在不新增1平方米建设用地情况下，增加1.6亿平方米产业空间（徐强，2019）。

（3）再生产的交易费用

首先，规划调整可能产生闲置土地、已批未建等，导致大量合约无法继续履行（李舒瑜，2016；深圳市规划和自然资源局，2019c），进而导致社会效益损失。其次，规划机制本身存在的问题，也可能会引发不必要的空间再生产。实践中，规划调整导致空间反复生产的问题也较为突出，部分产业用地在建成后不久，因规划变更而需要重新建设等。再次，规划调整也会加剧合约双方矛盾，规划调整事项并未在合约中约定清楚，因此权利人普遍拒绝退出合约。实践中，一个常见的理由是“规划是后来变的，为什么要求我退出”。这导致在规划实施过程中，政府与权利人耗费大量的时间和精力进行合约谈判，并产生大量的交易费用，甚至存在等到合约到期后才能顺利实施规划的情况。最后，作为社会最优决策，规划的公正性、权威性、公益性是其顺利实施的关键，然而规划对已有空间关系的大规模重构及存在的履约问题等会导致其权威性受到质疑，并影响规划实施的进程，这本身也会产生较高的交易费用。

（4）规划、土地制度之间的摩擦

实践中，很难对具体个案的规划调整情况进行判断，但表现出的问题及其形成机制是可以分析的。追求全局最优，势必会对部分已有合约关系进行调整。当然，这并不意味着要对所有的合约关系进行重构，在规划设计过程中，应该对已有合约关系进行考虑，并分析规划实施的成本，否则会造成大量的不一致和实施费用。而前述分析充分表明，在蓝图式规划制度下，这种情形广泛存在。

这与规划和土地制度的脱节与摩擦是高度相关的。渐进式改革中各种制度变量改革速度不同，导致制度环境与具体安排之间不协调，也会导致内部各种制度不能协调推进，无法保证互补性和相容性，而不同部门面临不同的环境，制度的互补性对变迁的绩效有着重大的影响（李文震，2001）。我国城市土地产权制度、市场化配置制度建设步伐较快，规划在技术方法等方面取得巨大进步，但在快速城市化进程中依然采用蓝图式的增量规划制度，对权属考虑不足。改革开放以来，规划一直是发展的蓝图，其最重要的特征是未来的导向性（孙施文，1999）。在此认识下，规划仅仅是空间上的最优技术方案，在编制过程中不考虑土地利用现状，尤其是权属及经济利益情况。这经常导致规划与已有用途发生冲突，影响空间资源的正常使用（如功能改变、续期等都受规划约束），也经常导致规划无法正常实施。面对规划理论的瓶颈及实践中的困境，近年来，规划学者逐步将新制度经济学的理论与方法引入城市规划，引发了对城市规划性质的重新认识（邹兵，2013；赵燕菁，2005b）。这些研究虽然弥补了传统城市规划理论认识的不足，但仍然以空间设计为中心，将制度设计视为降低规划实施交易费用的工具，并没有指明规划的经济学本质。

规划本身不仅仅是空间优化的方案，也是产权界定的规则，是土地产权制度的一部分（彭雪辉，2015）。城市的发展是城市土地产权不断界定的过程（桑劲，2011）。通过城市规划引导城市发展，也是对空间资源功能、容积率等条件进行界定的过程。正是功能、容积率、年期等条件构成了土地产权的核心要件。因此，城市规划的任何改变，其实都是对土地产权的调整，是利益的分配或调整。空间优化和产权界定是同等重要的本质内容：空间优化是城市规划中实现公共利益的主要手段；而产权界定则是城市发展和帕累托改进的重要保障。

由于忽视了产权界定的本质，规划以公共利益为由渗透到城市发展的各个方面。忽略因空间优化而产生的利益调整，就会扭曲空间优化的真实成本。这种扭曲，一方面导致规划的随意性，规划修编反反复复，事实上没有刚性的约束条件，使规划难以实施并受到公众诟病；另一方面认识不足导致规划成本的分摊机制缺失，造成空间优化成本的外溢，即由少数个体承担空间优化的成本。由于城市规划总是以“公共利益”的名义出现，加之国家法律及政府的强力推进，个体往往在规划面前处于弱势地位。然而，这种社会成本的外溢累积到一定量之后，会引起质的变化，引发新的社会问题。

5.3.3 产业调整情况分析

产业变动引发的空间再生产主要有两类：一类是政府主导的产业转型升级；另一类是企业根据自身情况进行的产业转型发展及产业的自然消亡。

（1）产业低效发展，政府难以掌控

根据工业区现状调查情况，深圳市工业用地产出效率并不高。全市营收排名前50位的工业区贡献了50%以上的营业收入，成为拉动深圳工业发展的主导力量；而其他工业区贡献并不显著（见表5.4）。

表5.4 工业区营业收入集中度

工业区分段	营业收入（万亿元）	营收占比（%）	面积（平方公里）	面积占比（%）
前10位工业区	1.2	32.1	6.7	2.6
前20位工业区	1.5	39.8	8.8	3.4
前30位工业区	1.6	44.4	11.1	4.3
前40位工业区	1.8	48.0	11.7	4.5
前50位工业区	1.9	51.0	12.6	4.9

资料来源：2018年深圳市工业区现状调查。

虽然政府出台了诸多提高产业发展质量和效益的政策措施，但是在土地资源紧约束的现实背景下，由于土地掌握在权利人手中，且很多合约中没有对产业发展情况进行约束，在产业调整过程中，政府缺少话语权、缺少干预手段、缺乏产业升级主导权，因此部分地区长期缺乏高质量、高竞争力和可持续的高端产业。

（2）产业周期较短、土地年期极长，政府难以掌控土地

我国民营企业寿命一般在3~10年（徐艳梅，2001；张鸿，2005；周颖杰，2005；何平，2008）。根据中央统战部、全国工商联等的四次大规模中国私营企业调查，虽然企业寿命有所增加，但也仅仅是从1993年的4年提高到2000年的平均7年（何平，2008）。黄铁等1997年对早期合资企业生命周期的研究表明，合资企业寿命因投资国别、投资规模、借款比例、企业类型、行业类型等不同存在差别，但总体在15~20年（黄铁等，1997）。

在超长的合约周期下，由于合约中没有对产业发展情况进行约束，在合约未到期前，政府难以掌控存量空间，导致社会最优的产业发展难以实现。在产业消亡后，国有土地使用权到期前，如果权利人没有转型升级的意愿、能力，在不愿流转情形下（等待以博取土地收益），可能造成土地闲置、厂房空置等现象，造成产业调整的延后和社会损失。

（3）权利人谋求房地产开发，导致产业建筑流转和出租比例较低

城市更新政策中工业区改造门槛较低，且工改居、工改商、工改M0（新型产业用地）等项目利润空间极大，导致工业区普遍存在更新改造预期，在自身难以发展产业的情况下，会充分考虑未来更新改造的可能性，

出租的意愿也受到限制，进而影响产业的发展和调整。根据调查，部分工业区业主在出租园区时签约周期从十年或五年一签，转变为两年甚至一年一签。租赁期限的缩短使得激励不足，承租企业的投资意愿受限，产业转型升级和进一步发展更是无从谈起。

总体而言，从产业发展的角度看，过长的合约周期虽然有助于稳定土地使用权人的预期，但对产业的发展并没有激励作用，反而会多方面限制产业转型发展。一方面，产业生命周期有限，只要土地年期超过或等于产业生命周期，就不会影响产业投资激励。另一方面，过长的土地期限和合约退出条件的缺乏，导致政府的掌控力变弱，政府期望的转型发展难以实现。而在出租意愿受限的情况下，市场化的产业升级路径也受到极大影响。

5.3.4 建筑改造情况分析

建筑物的质量、寿命是影响空间再生产的重要因素。当建筑物老化、存在安全隐患或不符合产业发展需求时，权利人便会实施改造行动。

（1）现有建筑寿命与土地年期较为吻合

深圳市产业用地上的建筑结构共有6种，分别是框架剪力结构、框架结构、混合结构、砖瓦结构、筒体结构、钢结构。根据一般的设计标准，框架剪力结构、框架结构、混合结构、筒体结构建筑寿命为50年，砖瓦结构为40年，钢结构为70年。深圳市绝大部分产业用地上的建筑物理论寿命为50年，此类建筑对应的土地年期也基本达到50年。总体而言，建筑寿命与土地年期是较为吻合的，这也间接印证了以建筑寿命为准则确定土地年期存在一定合理性。

（2）产业用地上的建筑物再利用的方式和时机的选择因建筑类型的差异而有所不同

根据建筑物专用程度，建筑物大致可分为与所发展产业高度相关的专业化建筑（如发电站及特殊加工车间等）和与产业类型脱钩的一般性工业建筑（标准厂房、配套宿舍等）。对第一类建筑物的产业用地而言，产业发展情况和规划用途是决定再生产的关键，建筑形态、功能、寿命等都应以服务于产业发展为目标，建筑寿命不应该成为决定土地年限和合约周期的主要要素，即改造和再建设行为与产业发展需求高度相关，因此其改造的时机选择与产业调整是一体的。

（3）建筑寿命不是决定产业用地空间再生产的主要要素

前述第二种情况，建筑物改造与产业调整不存在紧密关系，与建筑物寿命、规划调整等要素相关。在实践中虽然建筑物老旧是进行空间再生产的重要原因，但在第二种情况下建筑物改造和重建的时机选择与建筑物寿命是脱钩的，主要受城市规划和产业发展的影响。根据深圳的城市更新政策，拆除重建类城市更新项目一般要求旧工业区寿命达到十年，这远远低于一般建筑物寿命。

（4）过长的土地年期会影响再生产的效率

由于因建筑物老化进行再生产的情况较少，土地年期与建筑物寿命保持一致虽然有利于建筑物寿命终止时的改造和重建，但当城市规划发生调整、产业需要转型时，土地合约期过长，会产生交易费用并推迟再生产过程，极端情形下甚至需要等到合约到期后才能进行新一轮的空间生产。相较而言，如果合约周期或土地年期比建筑物寿命短，在合约到期后，只需要延长期限即可。虽然此种情形也会产生一定的技术性交易费用和行政成本，但相对损失较小。

5.3.5　合约期限的选择

周期之间的不一致，必然造成相互之间的摩擦，并形成交易费用。由于产业周期、土地年期、建筑寿命不一致，在同一土地上进行产业转型发展或建筑物重新建设时，需付出一定的行政成本和谈判成本。规划周期与产业周期不符，可能造成产业发展与规划要求冲突，进而影响产业发展和规划的实施，并在微观层面形成交易费用。前述物质空间再生产、产业空间的发展转型过程中的交易费用，都与周期差异高度相关。

从规划周期来看：深圳市规划调整频繁，规划期较短，与合约期限差距较大。一方面，从规划实施角度来看，超长的合约周期会引发社会效率的损失。其基本逻辑是：合约到期之前权利人不愿意退出合约，合约期内的规划调整（即空间生产的再决策）会因为合约周期过长而延后实施。合约周期越长，这种损失可能越大。另一方面，从合约履行来看，频繁的规划调整和大规模的规划变更，也会影响合约履行进而造成社会损失。折中的做法是，尽可能保持规划的稳定，同时对合约的期限进行适当的调整。

从产业周期来看：一般的产业周期明显短于土地出让合约年期，产业消亡后，土地依然控制在使用权人手中。这会增加产业转型升级的成本，甚至可能造成产业用地的长期抛荒、闲置，进而导致政府产业发展规划和政策难以落实。

从建筑寿命来看：建筑寿命与土地年期基本一致。实践中，空间的再生产往往不以建筑寿命为主要考量因素，规划最优用途、产业调整等才是主要的影响要素。在规划和产业要求不发生变更（社会最优使用条件不变）的情况下，保持土地年期与建筑寿命之间的一致性有一定的优势，但在其他情况下则会成为阻碍空间再生产的因素。

总体而言，周期不一致是造成各种问题并导致产业用地利用效率低下的重要原因，在空间资源极其紧张的情况下，大量产业用地处于低效利用状态，会造成极大的社会损失。

从目前的发展趋势来看，改变产权规定，使得合约周期更加符合产业发展规律是更好的选择。虽然可能因增加签约次数而提高交易费用，但总体上能避免很多空间问题，并提高整体利用效率。从现实来看，规划的调整和产业发展需求的变化较为频繁，为了不增加空间再生产的成本，可以将合约周期与产业周期和规划周期靠拢，并通过合约延期来保持其与建筑寿命之间的一致性。

为了尽可能适应社会空间生产，合约续期期限的选择可差别化设定（见表5.5）。区分产业类型和发展状况，以专用性建筑为主的用地，按产业周期确定土地年期。以通用性建筑为主的产业用地，在预期规划条件稳定的情况下，可按建筑寿命确定土地年期。

表5.5 合约续期期限的选择

周期选择	短期（1~5年）	产业周期（3~20年）	规划周期（约8年）	建筑寿命（约50年）
优势	政府掌控力较强，有利于各种形式的再生产	有利于产业调整及其引发的物质空间再造	便于规划实施（社会最优用途容积的实现）	技术性交易费用和行政成本较低
劣势	需频繁延期，技术性交易费用和行政成本极高	需延期，技术性交易费用和行政成本较高	需延期，技术性交易费用和行政成本较高	增加空间再生产的成本，导致社会最优方案难以落实

5.3.6 合约优化措施

根据前文分析，除了合约周期过长外，空间再生产相关条款的缺失、治理机制的不完善等也是造成空间再生产延后和效率损失的重要原因。与空间生产中暴露出的履约问题和产业发展问题的解决方式一样，空间的再生产也需要进一步完善所有权人决策机制，提高空间规划的权威性、认可度。

此外，需要特别强调的是，为了降低空间再生产过程中的交易费用，可以针对再生产的各种可能情形进行初步约定，明确不同的政府决策下，收益的分配和对使用权人的补偿标准。

5.4 收益分配：支付方式的选择

在合约形式方面，批租制合约并未留下可供选择的空间。根据前文分析，出让合约其实是固定租金合约。约期的长短影响着需要支付租金（地价）的总额，进而影响使用人的支付能力和意愿。这也形成了几种制度选择，如缩短合约期限、分期缴纳等。不同的缴纳方式的交易费用也存在较大差别，因此需要谨慎选择。此外，关于续期时需缴纳的地价标准及其缴纳方式等，在现有合约中也未明确约定。

（1）不同周期下的支付比例

不同的合约期限或缴纳方式下，地价的缴纳额度差异极大（见表5.6）。根据深圳市宗地地价测算规则，以30年为全周期地价，按年收取，只要总地价的0.0620；如每隔5年收取一次，则缴纳地价的0.2816；10年期是0.5023。不同缴纳方式对使用权人的支付能力有不同的要求，因此必须考虑实际支付能力来选择地价的缴纳方式。

表5.6　不同年期缴纳的地价比例

年期	1	2	3	4	5	6
地价系数	0.0620	0.1210	0.1772	0.2307	0.2816	0.3302
年期	7	8	9	10	11	12
地价系数	0.3764	0.4204	0.4624	0.5023	0.5403	0.5766

续表

年期	13	14	15	16	17	18
地价系数	0.6111	0.6439	0.6752	0.7050	0.7334	0.7604
年期	19	20	21	22	23	24
地价系数	0.7862	0.8107	0.8340	0.8563	0.8775	0.8976
年期	25	26	27	28	29	30
地价系数	0.9168	0.9351	0.9526	0.9691	0.9849	1.0000

资料来源：深圳市人民政府办公厅（2019）。

（2）地价缴纳与交易费用

缴纳次数与技术性交易费用几乎是成正比的，每一次地价缴纳都需要经历地价测算、缴费等一系列过程。除了技术性成本之外，地价缴纳水平会影响使用权人的支付意愿，如超过其支付能力，则可能引起使用权人的排斥，并导致合约双方长期谈判。这会带来极高的交易费用，甚至可能导致合约无法履行。

从深圳历史及其他城市经验来看，地价缴纳的水平同合约履行的难易存在很大关系。1996 年《深圳市人民政府关于土地使用权出让年期的公告》明确，早期未到达法定最高年期出让用地可无偿顺延，在实践中没有遇到任何阻碍。而 2004 年《深圳市到期房地产续期若干规定》（深府〔2004〕73 号）中明确的 35% 的基准地价（当时的市场评估地价），是谈判和让利的结果。到期事件最初发生时按市场地价计收续期费用，然而在实践中遇到了较大的阻力，为避免造成社会不良影响，保持深圳市招商引资等方面的吸引力，深圳市最终将续期费用定在 35% 基准地价的水平。该政策由于地价水平较低，在后期得到较好的实施。反观 2015 年温州市续期事件①，由于地价水平较高，且一次性支付，大大超出了权利人的支付能力，也突破了使用权人的心理承受能力，因此引发了强烈的社会反应。而这种影响造成的合约内外的交易成本是巨大的。

（3）处理路径

地价缴纳形式的选择，本质上是技术性成本与谈判成本之间的权衡。

① 《温州 20 年住宅用地使用权到期案例：是否有偿续期引争议 物权法暂未明确》，http://house.people.com.cn/n1/2016/0417/c164220-28281850.html，最后访问日期：2023 年 6 月 13 日。

地价缴纳的频率与技术性交易费用之间存在正比例关系；地价缴纳的频率影响每次缴纳的额度，频率越高，单次缴纳越少，因此与支付意愿和支付能力形成的谈判性交易费用之间存在反比例关系。

虽然一次性支付所有地价所需的技术性成本较低，但由于可能与支付能力和支付意愿存在较大差距，所以会导致权利人对缴纳地价的排斥，并形成所有权人和使用权人对峙的不良局面。因此，从降低谈判费用的角度看，地价缴纳需要结合权利人意愿和支付能力，提供多样化的支付选择（见表5.7）。实践中，需要通过与大量权利人的谈判，充分了解支付能力和支付意愿，合理确定缴纳形式。例如，可根据支付能力，采取差异化的支付周期或合约周期，进而降低总交易费用。

表5.7　支付方式的选择

	一次性	分期
交易费用	支付能力和支付意愿引发的谈判成本	增加技术性成本
收益分配	偏向使用权人	偏向所有权人
控制能力	弱	强

5.5　小结

优化合约结构，提高合约效率，就是提高空间生产效率。出让合约是社会空间生产活动的参照点，一致性是重要的效率评价标准，一致性分析可以检验合约的效率，进行合约的选择和设计。根据本章研究，需要从以下方面优化空间合约。

（1）合约条款及结构方面

约前的信息不对称、合约语言的模糊性、合约约定过度刚性、合约约定的不全面以及治理结构问题，导致空间生产过程中存在土地闲置、已批未建、产业低效发展等诸多问题。合约续签时，需要提高约前的信息对称性、完善合约表述和约定方式、增加产业发展约束条款、完善所有权人决策机制、完善合约治理机制。此外，也需要完善合约约定，对再生产的各种可能情形进行初步约定。

（2）合约周期选择方面

空间再生产的时机选择是影响合约效率的关键，滞后则不经济。然而，超长的合约周期增加了再生产的交易费用，影响了再生产的进程。在空间资源极其紧张的情况下，大量产业用地处于低效利用状态，会造成极大的社会损失。为了不增加空间再生产的成本，可以将合约周期与产业周期和规划周期靠拢，通过延期来保持其与建筑寿命之间的一致性。

（3）合约支付方式选择方面

约期的长短影响着需要支付租金（地价）的总额，进而影响使用人的支付能力和支付意愿。地价缴纳的频率与技术性交易费用之间存在正比例关系；地价缴纳的频率影响每次缴纳的额度，频率越高，单次缴纳越少，因此与支付意愿和支付能力形成的谈判性交易费用之间存在反比例关系。实践中，需要通过与大量权利人的谈判，了解支付能力和支付意愿；也需根据支付能力，采取差异化的支付周期或合约周期，以降低总交易费用。

（4）空间治理体系方面

从规划与合约的不一致性来看，需完善所有权人决策机制，避免规划调整和政策变迁造成大量履约问题。

第6章

权利认知及其建构机制分析

空间生产过程中，在合约关系影响下，会不断构建权利认知，进而影响合约终止时的退出意愿和补偿要求，影响续签时的支付意愿。对认知机制进行分析，本质上是探寻“认知－行为”互动机制。本章在剖析合约剩余分配问题基础上，设计研究分析空间生产过程中土地权利认知的形成机制及认知状况，研究到期剩余分配的规律和特征。

6.1 合约剩余分配问题

6.1.1 深圳市剩余分配模式及其特征

(1) 合约剩余的类型及分配特征

由于空间的不确定性极多，在合约签订之初，双方对特定空间权利进行了约定。然而随着社会经济发展情况、制度环境等要素变化，可能需要对社会空间进行再次生产，改变其用途、容积、产业等多方面要素。任何形式的改变都会产生所有权剩余或使用权剩余，可能是正的，也可能是负的。由于时空的一体性，剩余的分配有多种情形（见表6.1）。

表6.1 所有权的可能剩余及分配问题

剩余类型	正向剩余	问题及解决途径	负向剩余	问题及解决途径
空间剩余	面积增大	—	面积减小	部分收回及补偿

续表

剩余类型	正向剩余	问题及解决途径	负向剩余	问题及解决途径
空间剩余	用途变更（商、居等）	空间生产及分配	用途变更（基础设施等）	收回补偿
	容积提高	空间生产及分配	容积降低	—
时间剩余	延长期限	续约问题	缩短期限（提前结束）	提前收回问题
时空间剩余	延长期限并改变用途或提高容积	空间生产并续约	主要依赖空间剩余	空间生产并续约

按约定，正的合约剩余是属于所有权人的；然而，多方面的因素导致所有权人需分享合约剩余。①时空专用性。根据第4章的分析，土地本身控制在使用权人手中，所有权人可以控制规划权、审批权、监管权等，但事实上的开发利用没有使用权人的配合是无法进行的，即由于空间资源的专用性，剩余开发权掌握在使用权人手中，形成双边垄断。在此情形下，必须通过分配剩余收益，来激励使用权人参与空间生产，进而提高整体效益。②时空剩余的实现是有成本的。空间剩余仅是一种技术可能性，必须进行空间生产才能实现。空间生产是有成本的，生产结构会对最终的分配结构产生重大影响。以规划变更用途为例，城市规划将工业用地变更为居住用地，理论上是有大量合约剩余的，但这部分剩余的实现需要进行再投入，进行空间的再生产；在空间再生产过程中，又无法绕开土地使用权人。因此，往往形成包含政府和使用权人在内的空间生产结构，政府和使用权人投入空间和资本进行再生产，并在空间生产过程中产生新的分配结构。实践中，当空间生产成本小于或等于空间收益时，空间生产在经济上是可能的；当空间生产成本大于空间收益时，空间生产在经济上是不可能的。使用权人无法从空间生产中获益，往往导致空间生产无法由锚定的使用权人开展。例如，产业用地变为公共设施用地，则往往需要进行用地收回，并对使用权人进行合理补偿后进行空间再生产。政府也可能采用BOT（建设—经营—转让）等不同模式进行空间生产，但最终的成本都由政府承担。

（2）深圳政策路径及分配模式

深圳的发展是时空高度压缩的巨变过程，因此各种合约履约问题较早就暴露出来。多年来，深圳创新了城市更新、产业提容等政策路径来处理合约问题（见表6.2），除了土地无偿收回难以实施外，其他政策都运行良好，在盘活存量用地、保障空间供给方面取得了很大成效。

表6.2　主要政策路径

政策路径	剩余要素	政策目标	主要策略	操作方式
城市更新	产业、用途、容积、建筑寿命、年期	盘活各种存量用地 拓展空间资源	政府逐步放弃剩余	重新签约（产权重构）
产业提容	容积	扶持经济发展 提高利用效率	政府放弃剩余，获得产业发展	合约修订
改用途	用途	提高利用效率 解决历史问题	政府放弃剩余，提高利用效率	合约修订
自动延期	年期	延长期限 保持竞争力	政府放弃剩余	合约修订
国有土地使用权续期	年期	解决到期问题 保持稳定	政府放弃主要剩余	合约修订
无偿收回	年期、用途、容积、寿命……	行使回归权	政府获得绝大部分剩余	合约终止
有偿收回	年期、用途、容积、寿命……	行使回归权	政府通过补偿、安置分享剩余	合约终止

从合约角度，当产生合约剩余时，可能涉及长期的博弈过程。然而在深圳，行政决策代替了合约谈判：合约问题的解决并未经历大量谈判和博弈，现有政策中，关键的剩余分配方案等都是行政决策的结果，即没有剩余谈判的过程。“典型案例谈判+政策确定规则”是深圳市解决合约问题的重要方法，在一类问题产生后，首先由基层分别探索，以个案形式解决问题。在个案阶段，政府与土地使用权人就争议事项、分配规则进行少量的协商谈判；部分情况下甚至不经过谈判直接进行决策。除无偿收回外，现有规则都能较好地执行。

虽然深圳的剩余分配模式免去了大量的谈判成本，获得了较高的效率，但也存在一些问题。①分配不均衡、不稳定。从已有政策路径来看，各路径由于目标不同、制定部门不同，在剩余分配方面差异较大，且除无偿收回之外，其他政策路径均是政府以收益共享为原则放弃时空间剩余。②多目标导向，剩余分配规则不一致。在解决合约问题过程中，剩余合理分配往往不是主要目标。在促进经济发展、提高土地利用效率、解决历史问题等不同目标影响下，剩余分配的规则具有极大差异。最典型的，在土地自动延期与无偿收回之间，存在着较大的分配差异，这也导致前者无障碍执行，后者难以执行。③代理人竞争，剩余分配严重偏向使用权人。不同政策目标不同、制定部门不同，相互之间存在一定竞争，剩余分配不断向权利人倾斜。这种现象在不同政策衔接过程中便能清晰观察到。促使代理人竞争和剩余分配向使用权人倾斜的因素可能是多样的，如部门绩效、差异化政策目标等。④剩余分配成为非主要要素。多目标决策和交易费用过高，导致政府放弃合约谈判，让利于权利人，进而追求其他政策目标。在已有政策中，无论是继续发展产业还是转换为经营性用途，剩余分配都不是最重要的考虑要素，其往往让步于增强政策的可实施性（降低交易费用）、解决政府土地资源瓶颈问题等目标。⑤可能引发社会问题。存量用地再开发过程中的收益分配涉及公平问题。一般而言，存量居住用地上的权利主体主要为普通市民，权利较为分散，政府让利于社会公众不会造成较大的分配不公（见图 6.1a）。与居住用地不同，产业用地政府放弃剩余的目标在于扶持经济发展（见图 6.1b），一方面可能造成产业空间要素市场价格失真；另一方面在土地价值高企的情形下，部分用地主体再生产的目标不是产业转型升级，而是等待时机通过城市更新等途径进行房地产开发，博取用途转换级差地租。

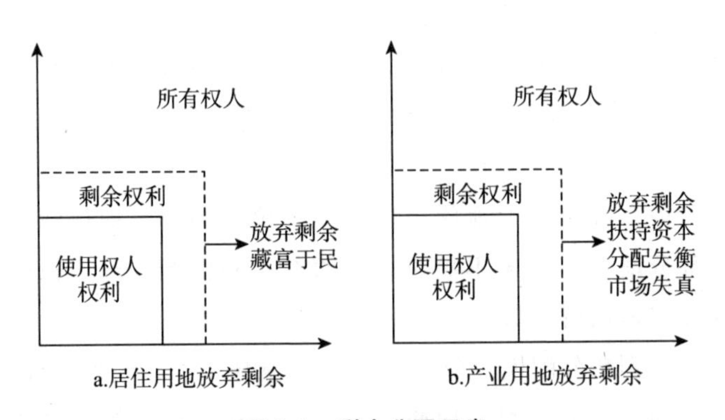

图 6.1　剩余分配示意

（3）到期必须研究认知规律，创新博弈和政策制定模式

以行政决策代替合约博弈，虽然可以降低交易费用，提高博弈效率，但分配的合理性、公平性也是必须面对的重大问题。在保障行政决策高效

率的同时，兼顾分配的公平性、合理性是创新分配模式的关键。由于认知是影响权利人行为的关键，因此对认知机制的探索必然是努力的方向。人的决策行为是众多理性、非理性要素共同作用的结果，个体动机、预期、认知会对态度和行为产生重要影响。在谈判和博弈过程中，决策者如何对事物、信息进行加工和处理，并形成认知，进而影响决策和行为，是破解诸多问题的关键（何贵兵、于永菊，2006）。

认知分析在国有土地使用权到期治理中尤为重要。理论上，合约到期是双方合作关系的终结，合约续签不是一种必然行为。然而，由于空间资源存在巨大价值，使用权人会追逐可能的合约剩余；而时空专用性使使用权人的敲竹杠行为成为可能，新的合约剩余产生的时候，只能通过谈判等方式由合约双方分享合约剩余，并重新签约或改变产权规则。但按现有的分配模式，行政决策将扮演最重要的角色，这就使得认知分析格外重要。反转后的不对称关系使得所有权人在博弈中处于不利地位，所有权人的回归权行使成本较高；在双边锁定、多部门竞争状态下，现有的分配模式偏向使用权人（在产业用地上往往代表资本），所有权人（代表社会公众）的剩余权利无法真正得到落实。此外，在我国，通过与权利人长期谈判和协商去缓慢解决问题可能引发新的社会问题，因此政府也不愿采取这种形式。在行政决策式的剩余分配中，必须对权利人的认知进行充分的分析，制定相应的治理策略，否则可能面临严重的后果：公共利益受到损害，引发分配问题；所有权人权利难以实现，尤其是回归权无法行使。

6.1.2 国有土地使用权到期处置及续期中的分配问题

土地使用权到期后存在三种可能的剩余情形。①时间正剩余，即可以延长合约时间。这种情形下不用进行空间生产，是纯粹的土地收益分配问题（收地价）。纯时间剩余在实践中表现为合约续期，由于到期提供了很好的谈判机会，因此所有权人和使用权人可以通过谈判对合约结构进行选择，并对收益分配进行协商。②时空正剩余，既可以延长合约时间，又可以在物理空间上扩大规模。时空间同时存在正剩余情况下，其处理模式与空间正剩余相同。空间生产的成本-收益决定其经济可行性，空间生产结构一定程度上决定最终剩余大小及分配结构。③剩余为零，不再对合约时间进行延长，政府需要收回土地。此时剩余分配问题演变为权利人是否愿意退出、应该如何补偿。

从深圳市目前的实践情况来看，土地收回、收益分配等问题都尚未得到圆满解决。在土地收回方面，仍然有部分因规划不符不能续期的宗地无法收回，且部分宗地权利人通过司法等途径寻求续期；在地价收取方面，《深圳市人民政府关于土地使用权出让年期的公告》因不收取费用没有任何执行障碍；《深圳市到期房地产续期若干规定》（深府〔2004〕73号）按35%的基准地价计收续期费用，标准相对较低，是综合考虑权利人可负担性等诸多因素后政府让利的结果。

自国家要求完善续期制度以来，深圳等地陆续开始探索研究续期政策，但各地至今未能形成有效成果，主要问题有以下几个。①认知已成为主要障碍和最大的交易费用来源。学术讨论及政策制定过程中发现，不同主体对到期后的权利归属、补偿标准等的认知与合约或政策规定相去甚远。专家学者、政府部门既担心低价续期或高价补偿造成的国有资产流失和法律风险，也担心高价续期引发社会舆情和纠纷。在此情形下，认知问题成为续约谈判难以抹平的鸿沟。②外部参照点和市场自发行为改变了使用权人预期，这主要体现在收地补偿方面。按照出让合同约定和深圳市土地收回条例，到期收回的补偿标准是极低的，这也基本符合国有土地所有权的剩余控制意义。然而，城市更新等路径的分配结构成为到期续期和收地的参考点，权利人也往往会对比城市更新进行选择和谈判。

6.2 研究设计及资料来源

6.2.1 研究方法的选择

在对产权认知的深入研究方面，本书的研究是探索性质的，是相关研究的一次新的、更加深入的尝试，主要目标在于了解土地产权认知的机理，分析可能的权利冲突，并为国有土地使用权到期治理提供若干支撑。从认知心理学研究方法来看，定性、定量都是常用的方法，但目前阶段对于政府和权利人认知的研究只能是定性的：①本书研究涉及的，除了心理所有权外，还有关于产权关系的具体认识，而除了心理所有权外的其他要素并没有量表进行测量；②探索性研究中，在理论、方法未成熟的情况下，应用定量研究或结构化调查，会限制对问题的了解，反而影响研究的质量；③定量研究需要大样本量的支撑，而本书研究的主要对象产业用地权利人（代理人）以及相关部门工作人员都很难进行调查或访谈。基于前述研究，本书主要选择质性的研究方法。

6.2.2　资料来源

为了分析真实情况下的权利认知，本书收集了部分已到期宗地使用权续期案例（编号 C1 ~ C8）、可查询的司法文书（编号 L1 ~ L2）、其他市不同部门和企业人士的座谈记录（编号 O1 ~ O2）、人大代表意见（编号 S1），并在此基础上深度访谈了部分企业的员工（编号 E1 ~ E5）和相关工作人员及专家学者（编号 G1 ~ G5）（见表 6.3 ~ 表 6.7）。

表 6.3　国有土地使用权续期案例

编号	权属来源	供应年份	年期	房屋用途	处理年份
C1	划拨转出让	1984	30	厂房	2017
C2	划拨转出让	1986	30	仓库	2016
C3	划拨转出让	1987	30	厂房	2017
C4	划拨转出让	1988	30	宿舍	2018
C5	划拨转出让	1988	30	厂房	2018
C6	划拨转出让	1988	30	厂房	2018
C7	出让	1989	30	厂房	2017
C8	出让	1993	20	鸡舍、仓库	2018

表 6.4　司法文书

编号	案号/用地单位	发生年份
L1	深圳市 × × 有限公司	2015 ~ 2020
L2	（2019）粤 0308 行初 880 号	2018 ~ 2019

表 6.5　其他市访谈调研资料

编号	调查对象	访谈日期
O1	W 市政府、人大、各职能部门及企业代表	2017 年 7 月
O2	S 市政府、人大、各职能部门及企业代表	2017 年 7 月

表 6.6　访谈的权利人及其代理人

编号	从事行业	访谈对象岗位	访谈日期
E1	房地产开发	CEO	2019 年 10 月
E2	IT 产业	CEO	2019 年 10 月
E3	发电	资深员工	2019 年 11 月
E4	研发设计	资深员工	2019 年 12 月
E5	研发设计	资深员工	2019 年 12 月

表 6.7　访谈的相关工作人员及专家学者

编号	岗位性质	研究/工作领域	从业时间（年）	访谈日期
G1	土地政策专家	土地	13	2019 年 11 月
G2	规划专家	规划	10	2019 年 11 月
G3	土地业务专家	土地	13	2019 年 11 月
G4	公务人员	土地	15	2019 年 11 月
G5	研究人员	土地	2	2019 年 11 月

6.2.3　补充访谈对象的选择及计划

补充访谈采取半结构化访谈，该方法不仅赋予采访者，也给予受访者一定的自由度来共同探讨研究的中心问题（Herbert and Irene，1995）。研究严格执行深度访谈的伦理规则：确保被访谈人员的知情权、最少伤害权及匿名保密原则。

第一，访谈对象。为了确保样本能比较完整、相对准确地回答所要研究的问题，采取目的性抽样方法选取调研对象。研究主要对两组对象进行深度访谈。第一组是拥有产业用地的使用权人或其代理人，第二组是代表所有权人的相关工作人员及专家学者。为了保护访谈对象的隐私，文中都进行了编码处理，不展示真实的身份信息。对于各组的访谈数量，并未进行事先确定，而是根据访谈进程判断是否需要额外的访谈。判断的原则是信息的饱和原则，即当研究小组成员判断所获得的信息开始重复，不再有新的重要主题出现时，就停止访谈。

第二，访谈过程。两组访谈都是在 2019 年 10 ~ 12 月开展的，访谈严格按照质性研究的标准开展：访谈过程中充分说明了访谈的意图并在取得访谈对象同意后进行了录音和逐字转述。为了深入事实内部，虽然在访谈开始前准备了相应的访谈提纲，但在访谈过程中都尽量保证了开放性，以确保能够覆盖尽可能多、尽可能深的研究话题。访谈中特别关注访谈对象对态度、动机和行为的表述。

6.2.4 数据处理方法

参考自然资源领域心理所有权研究的已有文献（Matilainen et al.，2017），对收集的各种素材和访谈结果应用定性的深度演绎分析法，根据前述认知分析框架，综合应用专家判断、思维导图、小组讨论等诸多方式进行分析。数据的预分析经历了三轮：①各种素材和访谈记录的转译，完整记录访谈的全部对话内容；②由经过严格培训的三位专家分别处理认知分析素材，应用前述分析框架找出不同群体的认知及其形成原因和机制，以及可能的影响；③小组讨论，对第二步的分析结果重新进行审视，并形成最后的分析结果。

6.3 使用权人认知分析

6.3.1 权利归属认知

占有使用、国家认可是影响权利归属认知的重要因素。虽然权利人知道所有权归国家所有，但在情感上，仍然形成了“这是我们的土地”的认知，即形成了心理所有权。利益是能推断出的唯一动机，而长期的占有、使用是形成的主要路径。另一个重要路径是国家通过登记发证形式表现出的认可。另外，从表述来看，权利人会忽略所有权和使用权的区别，在认可国家所有的情况下，仍然感觉“这是我们的土地”。

E3：这是我们公司的土地啊。当时也是我们公司买来的，都用了十几二十年了。那肯定是我们的地。上面的房子啥的也是我们的，国家都发证了。（利益—投入、占有使用、国家认可—这是我们的）

E3：这个不矛盾啊。反正所有权是国家的，但使用权肯定是我们的，我们得用。使用权到期也可以续期啊，续期了地也还是我们的。（回答“按照法律规定，你们买的是使用权啊，到期就没有这个权利了”）（利益—参照续期后的权利状况—这是我们的）

6.3.2 支付意愿认知

关于支付意愿的认知，主要集中在该不该交地价、愿不愿意交地价和交多少的问题上。权利人的支付意愿也呈现分化的趋势，且认知与缴纳的标准高度相关。在该不该和愿不愿缴纳地价方面，认知是不同的。总体而言，影响支付意愿认知的主要路径有参照点和模仿效应、教育（含法制和市场等）、社会舆论、历史投资贡献。

（1）在该不该缴纳方面

访谈企业一般认可应该缴纳地价，也认可使用国有土地应当缴纳地价的法理逻辑和市场逻辑。这些表述里体现了理性人在法制环境和市场环境下的正常认知和反馈。很难单纯从字面判断回答者的心理动机，但法制教育/法制理念的培养、市场规则的熏陶明显是此类认知形成的重要路径。

E2：我觉得还是应该缴纳，毕竟是国家的土地。（法理逻辑）

E5：要缴纳吧，就像买东西要付钱一样。（市场逻辑）

（2）在地价缴纳意愿及标准方面

权利人的认知趋同，都认为应当有地价优惠，但认知形成的原因和路径呈现差异化、多样化特征。由于合约并未约定续期时的地价标准，因此观点比较多。

第一，模仿/参照效应影响缴纳认知和预期。例如 E1，这种认知一方面受利益驱动的影响，另一方面呈现明显的模仿和参照效应。近几年在优惠的产业用地地价标准体系下，已经形成了低价、打折的认知和心理预期。已经出台的续期政策（E4）和国家承诺（E4）也影响了地价缴纳的预期，并成为重要的参照点。

E1：交应该要交，但不能定太高，尤其是要给实体经济一定的扶持吧；现在市里也大力扶持实体经济发展，M1免地价啥的，还有好多产业也是有地价优惠的。（利益—参照—优惠续期）

E3：收一点也是应该的吧，具体的标准我不好说，但肯定不能收太多。现在国家都说要扶持实体经济发展，地价收多了，我们企业发展就困难了。（利益—参照—优惠续期）

E4：以前的政策，续期的地价是很低的，以后也不应该提高，高了大家承受不来，也肯定不愿意。（利益—参照—优惠续期）

E4：国家都说了住房自动续期不收费，那工业用地应该也不收费，即使收也不应该太高。（利益—参照—优惠续期）

第二，投入/投资对缴纳地价认知的影响。部分企业也认为应当获得地价优惠，但其认知来源于自己对深圳市的贡献和对土地的投资。对于理应获得优惠的原因，也与企业长期的投资和经营有关。

E1：我们公司也养着很多人，几十年来为了深圳的发展也做出过重大的贡献，现在政府提倡产业转型升级，我们面临这方面的压力，政府应当给予优惠。（利益—历史贡献—优惠续期）

第三，生存需求下形成的低价续期认知。从生存需求出发，企业的历史投入、贡献让其产生了政府应当扶持其发展的认知和预期。

E1：我们公司现在效益很不好，如果续期再收很高的地价，那我们成本就提高很多，这直接就搞死我们实体企业了，政府不应该这样做。（利益—生存需求—低价续期）

第四，舆论环境影响下形成的低价续期认知。

E5：大家都知道，现在地价搞得太高，经常也报道深圳房租、地价太高，搞得企业都在外迁。如果续期的时候再收高地价，那企业肯定受不了。（利益—舆论影响—地价续期）

第五，模仿效应下出现投机心态。效益驱动和模仿效应下，企业宁愿承担风险，也不愿缴纳地价，这与政府的公信力和权威性高度相关，一旦形成法不责众的预期，在不对称政企关系下，就有可能形成投机的想法。

E3：能不交就不交，一大笔钱，我看其他人也不想交。（利益—模仿效应—投机）

从其他城市来看，对工业用地续期地价的缴纳，认知大致是相同的。

O2 企业代表：工业用地续期给予适当优惠。工业用地续期应兼顾国家、地方和个人利益，建议参照住宅用地自动续期。产权人需要交纳费用的，应循序渐进、分期缴纳，区分不同区域、不同产业具体状况，避免造成实业倒闭潮。也可参考零地价招商引资，将续期作为一个调节杠杆，基于零地价续期，起到扶优汰劣的作用。此外，建议与房地产税统筹考虑，作为解决企业法人分期缴纳续期费用的手段。

6.3.3 退出意愿认知

从已有案例看，需要企业退出且收回土地的，一般都是土地用途与城市规划不符。在退出意愿/不予续期条件方面，城市规划的正当性/公益性获得了一定的认可，但这并不意味着权利人会主动退出。面对规划不符不予续期的情形时，效益成为最主要的动机，而社会责任等也是获取续期的初衷之一，但其下可能隐藏了获取利益的根本动机。权利人会通过各种途径来获得续期，常用的逻辑有特殊产业、同类参照、历史贡献、共情、社会责任及风险等。

（1）利益为驱动，特殊产业为路径，认为应当予以续期

深圳市早已度过了产业大规模扩张的粗放发展阶段，发展质量成为政

府主要的追求目标。在此情形下，权利人自然也会充分应用已有产业优势，或借助第三方产业优势，来获得续期的正当性。如果发展的产业是高新技术产业或重要的、对社会有贡献的产业，那么自然会产生一种理应获得续期的感觉，并借这种感觉理直气壮地跟政府谈判。C2是这方面的典范，利益驱动下，国内知名大学的加入、特殊行业的重要性等，让其产生了理应给予续期的感觉和认知。

C2：我们将与××大学合作，以教育科研这一业态为切入点，建设符合生态线管理规定的项目。(利益—特殊产业的正当性—应该续期)

(2) 参照效应是理应续期认知形成的重要路径

在面对与城市规划不符等条件时，权利人会自动搜寻同类宗地信息，与其他权利人进行沟通，并进行参照。而这很容易产生“别人能续期，我也应该续期的认识”。在社会公平偏好的追求下，这种认知一旦形成，就非常强烈，成为理所当然的权利，而不容侵犯。参照效应有两方面值得注意：一是规则的不统一会引起混乱，且权利人会按对自己有利的方式解读和参照；二是涉及根本利益的规则，应当谨慎统一规范，避免相互矛盾和掣肘。

C3：经沟通周边业主，他们也以同样理由被拒绝续期，类似于我公司的情况该如何办理续期。(利益—沟通参照)

C7：我司持有的物业于2015年未予变更使用期限，而小区内大部分物业房产证使用期限已经变更。(利益—参照—应该续期)

L1：事实上，权利人认为，与其相邻土地在土地性质、用途等方面与其所有的土地相同，也纳入了更新单元，但获得了延期；根据公平原则，原告应获得同等待遇。(利益—参照—应该续期)

(3) 历史贡献、社会贡献、生存正义也会产生理应获得续期的认知

典型的C8案例，权利人反复强调企业发展符合产业发展规划、强调公

司对深圳农副产品市场的贡献、强调公司对城市化转地工作的贡献并形成理应获得续期的认知；同时，强调宗地系公司仅有经营用地，被收回将导致公司破产，影响200多名员工安置，所以应当获得续期。

> C8：公司在菜篮子工程建设、促进农业发展、实现高校技术转换等方面为繁荣深圳做出了贡献，并提供了就业岗位，维护了社会稳定。（利益—历史贡献—应当续期）

> C8：在申请续期的理由方面，除了提出符合政策和产业发展导向外，还提出公司仅剩余该宗地维持经营，解决近200人的就业问题。若该宗地不能延期，将严重影响公司的生产经营，难以维持员工就业。（利益—共情—续期）

> E3：产业的事情，政府可以帮助我们转型啊，我们也愿意。再说，我们也算是做出了重大贡献的。（利益—贡献—应当续期）

（4）同意利益交换也是产生理应获得续期认知的关键路径

在面对规划不符情形时，为了获得续期，权利人会通过放弃部分土地来换取剩余部分土地延期，并认为只要自己承诺放弃规划冲突部分土地，剩余部分土地就理应获得续期。在这种认知中，隐含着一层逻辑：即使到期，我也是有权利的，现在我已经同意放弃一部分权利，剩下的理应给我续期。

> C2：如果短期内相关道路的规划不实施，我公司可以签一个承诺书，保证规划实施的时候会配合按规划实施，进行综合整改、退让红线。如可以签署相关协议，能否办理延期。（利益—交换付出—剩余部分续期的正当性）

> C4：承诺无偿放弃用地范围内与规划公共绿地、道路及河流蓝线有冲突部分的用地。（利益—交换付出—剩余部分续期的正当性）

C5：我们承诺，如果土地与现行城市规划有冲突，无条件退换与现行规划相冲突的土地面积。（利益—交换付出—剩余部分续期的正当性）

（5）社会风险及集体行动赋予权利人理应获得续期的信心

这是权利人在试图获得续期时的典型做法。害怕出现社会风险、担心权利人集体行动，也是不对称政企关系形成的重要根源。这里面关键的一点是，虽然土地与职工没有直接的利益关系，但企业利用职工对失去工作的担心，很容易动员职工进行信访等活动，即除了直接的经济利益相关人外，土地上的从业者也成为博弈方。

C2：我公司所在工业区有十几家公司都面临相同的道路规划问题，且用地期限都将届满，均不符合城市规划，恳请予以重视并解决。（社会风险—续期）

C8 多次声称：续期涉及 200 多名员工利益，如不妥当处理，可能引发信访事件。（利益—社会责任/风险—续期）

（6）对规划的不认可形成了理应获得续期的认知

这与增量规划的编制方式高度相关，蓝图式规划往往忽略已有权益安排，权益在先、规划变动在后，导致权利人不认可规划，质疑规划的合理性和权威性，并基于这种怀疑产生自己的权利认知。

E3：编规划的时候我们就已经在这了，现在说规划变了不给我们续期，这样公平吗？（利益—公平偏好—应该续期）

（7）当政策规定对自己有利的时候，政策也是认知产生的重要路径

在规划不符的情形下，权利人会寻找有利于自己的法律或政策，并主张权益。

L2：以房地产证记载用途不符合现行城市规划为由不予许可原告的到期续期申请，适用法律、法规错误，没有法律依据。根据《深圳

市到期房地产续期若干规定》，已建成的合法行政划拨性质房地产，只要不改变用途，即可按有偿使用土地的原则延长土地使用权年期，上述规定并未涉及延长土地使用权年期应以房地产证记载用途符合现行城市规划为条件。（利益—法理—续期）

6.3.4 补偿要求认知

补偿的标准受土地市场价值和参照效应的影响极大。由于深圳土地资源紧缺、土地价值极高，几乎没有权利人会接受无偿收回或建筑物残值补偿后收回。尤其是城市更新政策出台后，产业用地也可以通过城市更新获得较大利益，这起到了很强的示范效应。此外，在市场上有股权转让、土地买卖等形式的交易，出价远高于政府补偿标准，这也成为影响补偿预期的重要因素。

E3：我感觉无偿收回没人愿意吧。现在的地这么值钱，即使不续期，也不可能无偿收回啊。不给续期，我们也会提前走旧改啊，旧改的利益那么大。续不续期不能搞的差别太大。（利益—参照效应和市场化—等价补偿）

6.4 非使用权人认知分析

6.4.1 权利归属认知

无论是相关部门政策专家还是接触具体业务的相关工作人员，对于土地权利的归属，都有相似的认知：在法理上认可土地归国家所有，但都意识到到期后很难收回土地。这种认知的来源，既有长期对土地制度和产权制度研究的理论分析，也有基于实践经验的成熟看法。但总体来看，对问题的认识都是比较实事求是的，既没有一味主张所有者权益，也未主张完全不顾及公共利益。

（1）基于学理逻辑分析的结论

如G1深刻地洞悉了产权的本质及其演变的规则，可以说这种认识是非常成熟的看法。G1 是某部门内部具有扎实理论基础、毕业于土地管理专业、从事政策研究十几年的领域专家，其看法对于提升政策认识水平、制定更加合理的政策规定是有益的。从中可以看出，相关部门内部的认知也并非完全基于法理逻辑。从表述中就能看出，这种认知赋予了到期续期制度更多的内涵和更高的定位要求。

G1：根据既定的认识，土地使用权有偿出让，到合同约定的年期结束，相应约定的权利义务即终止，土地使用权以及相应的权利义务归土地所有人所有，因此土地为国家所有，地方政府行使相应权能。但在现实的操作或者认识中，产权的认识受很多方面因素的影响，虽然法律有约定，但在实际执行过程中，受产权人认识、社会认知、实际占有、前期投入、未来预期、利益投机等多方面因素影响，收回土地使用权，即实质性收回土地执行起来存在困难。另外，对地方政府而言，产权本身不是生硬法律的执行，融合了太多的因素，包括公序良俗、社会稳定、城市竞争、安居乐业、经济发展、市场竞争、社会力量或者其他对于政府部门而言的重要意义，所以，很大程度不可能无偿收回土地使用权。到期续期一定是在存量建设用地的前提下，决定空间再分配和建设用地的结构性调整、利益分配等更深层次的内涵，不是简单的权利归属和产权确认问题。——个人理解（学理逻辑—复杂化）

（2）长期的实践经验

教育、权益主张、政策规定、参照效应都可能引起产权认知的变化。G3 是具有十几年经验的相关业务专家，虽然他认可法律规定的所有权，但长期的实践经验也使他对产权的认知产生了动摇。这种动摇源于对产权问题的长期观察和不断反思。

G3：土地所有权的归属大家都知道，法律有明确的规定，而且从小就接受教育，很清晰，要不集体所有，要不国有。（法理逻辑—国家所有）

G3：但是对于使用权归属，却见仁见智，由于土地所有者长期缺少对土地使用权权益的主张，加上年期设置较长或者直接通过政策无限期延期，因此土地使用权在某种程度上已经代替了所有权。如农村集体所有的宅基地使用权、承包权，都是通过政策规定，基本属于无限期使用状态。国有土地上的住宅用地，法律已明确规定自动续期，属于无限期使用的状态，划拨土地就更加不用说了，本来就是无限期使用的。因此，只有商服和工业用地严格来说存在续期。但是周边的兄弟们（住宅用地、集体土地、划拨土地）都不需要续期，且占用土地面积超过90%，因此想要试试商服用地和工业用地的土地使用权续期很难，最后可行的方案是通过不动产税利用税收机制来进行调节。（缺权利主张+政策+参照效应—使用权长期化）

6.4.2 地价收取认知

对于到期后的地价缴纳，由于缺乏直接的利益驱动和缺少统一的动机目标，相关人员和专家学者的观点呈现分化状态。既有出于责任感的认知，也有强烈的对社会制度坚持下的认知；既有基于法理的认识，也有基于学理的推断。

（1）从法理、学理角度看，坚持对国有土地的有偿使用是一种共识

几十年来，土地国有和有偿使用的理念已经深入人心，相关人员和专家学者基本都认可到期应有偿使用土地。这种认知同长期的学习、教育和接触相关法律法规高度相关。

S1：根据《土地管理法》，我国土地所有权为全民所有，土地使用者以有偿方式取得一定年期内的土地使用权。因此，实行土地有偿使用，是我国土地制度的基本特征。到期房地产如获准续期使用，土地使用者仍必须遵循有偿使用的原则。按现行土地政策，土地使用者在获取土地使用权时，按规定缴纳土地使用权出让金（即地价，不同城市地价的组成和比例略有不同），即可获得一定年期的土地使用权。（责任感的驱动—接触了解学习—有偿）

G5：肯定是有偿的。批租制可以实现地利归公，这是我们区别于

国外的重大制度优势。本质上这是社会分配模式，不能让少数人占据着土地资源还免费或低价使用，这对普通市民是很不公平的。（公平正义感—接触了解学习—有偿）

（2）主流判断地价的收取并不难

相关工作人员对地价缴纳标准的判断都是基于深圳实践经验的总结。多位专家认可按地价规则计收，一方面深圳产业用地地价标准并不高，另一方面产业用地的使用权人一般具有一定的支付能力。也有相关工作人员担心地价很难收取。

G1：第二个问题，愿不愿意支付，很简单，只要允许续期，绝大部分人应该愿意支付，融资对于社会而言不是很难的事情，特别是对于寸土寸金的深圳。允许续期后，地价标准可以考虑在其可以承受的范围之内，或者借助金融机构解决。（经验判断—按标准收取不难）。

G4：产业用地的地价缴纳应该问题不大，一方面产业用地的地价标准本身就不高；另一方面对于企业来说缴纳压力并不大，能够支付得起。（经验判断—按标准收取不难）

S1：对产权未分割的生产经营类、公共及市政配套设施，到期后经批准可以续期的，建议重新签订土地使用权出让合同，由土地使用者缴纳地价后，取得新的年限的土地使用权。（促进城市发展—按标准交地价）

G3：到期收益分配首先在法律上就没有讲明白，物权和土地使用权就存在冲突。按照《物权法》，建筑物就是属于土地使用权人的，虽然合同约定上一般都有到期无偿交付，但是合同约定抵不上上位法的效力，因此到期后的收益最后肯定是谈判协商的结果。如果政府强制力不够，土地使用权人肯定是一分钱都不会交。承包权、宅基地使用权都可以免费续期，政府不从中收益，国有土地中的住宅用地也可能会如此，所以明白人都不会交。建议通过诚信体系建设，建立互联

网+诚信体系+产权体系的机制，让土地使用权人自动续租或者交税。（经验判断—很难收取）

6.4.3 续期条件和到期收回认知

（1）作为当事方，多种目标约束下的认知差异

关于国有土地使用权到期续期和权利人退出条件，相关部门有共识也有分歧。既有实践操作中严格依规办事的（C1），也有担心群体性信访事件而不断上报请示的（C8）。总体而言，作为当事人的办理人员，既要严格遵守法律法规，做到依法办事，又要在不对称政企关系下，迫于权利人的压力而做出妥协，在依规办理的同时，通过层层上报等形式将决策风险分散化。在这种状态下，相关部门的办理人员是矛盾的，存在多重目标约束其行为。

C1：房产现状一部分改变功能为办公等用途，不符合《深圳市到期房地产续期若干规定》规定。（法理逻辑：避免犯错—依法办事—不同意续期）

C8：某部门认为，宗地位于生态线内，出让用途与现行规划用途不符，宗地大部分位于限制建设区内；收地工作可能有较大负面影响，涉及群众数量20~200人。

C8：某部门认为，不符合城市规划要求，应按规定如期收回，鉴于目前处于特殊时期，为妥善应对，建议过段时间后抓紧开展收地工作。（防止出现群体事件—法理逻辑下的妥协）

C8：某部门认为，该土地不符合自动顺延的规定，建议抓紧开展收地工作。（法理逻辑—收地）

（2）以符合规划作为续期条件成为共识

将符合城市规划作为续期条件是一直存在的一种观点。这大部分源于规划的公共利益属性得到广泛认可，因此人们自然而然认为续期时不符合

规划的不应该予以续期。从最早的出让合同约定，到深圳政策中的约束，这方面的要求一直存在。对于该观念的形成，除了早期的公共利益属性判断外，多年来的宣传、引导也起到了一定作用。

S1：续期使用的房地产，必须首先符合城市规划；产业用地还应当符合产业发展规划。此外，申请续期的房地产，一般都已使用30年或更长时间，有些建筑已接近或超过设计寿命。因此，审批房地产续期申请，必须对建筑物的建筑质量、消防安全等进行严格的检验，不符合安全使用标准，且又无法修复的，不批准其续期使用。（超过使用寿命—收回）

O1：对部分不符合城市规划或者其他情况的工业用地，但短期内城市规划不实施的，可以租赁方式办理手续。（规划未实施—租赁方式使用）

（3）到期土地收回存在较大难度

基于实践判断，由于经济利益较大，权利人一般不会主动退出。相关人员的认知其实在向现实妥协，在这种认知下，很难收回土地。

G3：巨大的利益是土地使用人到期后不愿意退出的根本所在，无论什么条件，在没有满足土地使用权人心理预期的情况下，土地使用权人都不会退出。（经验判断—不会退出）（政策公平性、使用人的利益驱动）

O1：实践中，无偿收回和续期利益差距巨大，很难平衡，导致操作困难。在明显不符合续期条件情况下，权利人如无特别需求，不会主动申请续期，而选择继续占用。（经验判断—不会退出）（实践可操作性）

G1：第一个问题，该不该续期，无非就是续期条件。门槛应该尽量严格一些，留给政府更多的博弈空间和可以安排的城市空间，或者说留给政府更多的筹码，否则未来城市管理会更加困难，城市红利也

无法掌控。第一次续期门槛应该尽量高，而不是过于宽泛，否则会有不良社会示范效应，最怕法不责众。（经验判断—设置高门槛）

6.4.4 补偿标准认知

对于到期不予续期时收地补偿标准方面，有两种逻辑存在，即法理或学理逻辑、实践逻辑。前者从法理或学理入手做出推断，认为到期应该按约定补偿，或者综合考虑财政能力等进行补偿。

S1：不同意续期使用。对不符合城市规划或安全使用要求的，不准予续期使用，由政府依土地出让合同约定，收回土地使用权，并按当前规划功能重新安排利用。（法理逻辑：获取法理知识—按约定收回）

G1：补偿和门槛、意愿、政府的强势程度有相关性。政府给予补偿，也需要考虑到财政压力和实力。但不给续期，到规划执行的时候再执行，也是一种策略，当然不是上策。只要不是大面积和数量较多，都可以分步逐渐实施。（理论分析：学习相关知识—与政府强弱程度相关）（经营管理角度—城市财政）

后者从实践出发，认为已经很难按约定补偿后收回，必须基于市场价格补偿。后者认可的补偿价格往往远高于合约约定，其实是对博弈后结果的认可。

G2：从土地整备多年来的经验看，无偿或者仅对建筑物残值补偿收回是不可能的。一方面，地上的增收收益分配本身就说不清楚；另一方面，土地一旦纳入城市更新，那价值就提升了很多，收地的时候企业也会对照不同政策比较一下得失。还有，可能有隐性的市场在收购工业用地，远比政府给的赔偿高。（实践认识—需要给予合理补偿）（政策间公平性）

G3：补偿标准在于增值收益的大小（或者说预期收入的多少），如果增值收益大了，补偿标准自然就要提高，如果增值收益小了，自然就会降低。比如偏远山区的农村集体土地征收，3万块钱一亩，农民应该会很高兴，拱手让给你，但是在城市近郊区，如果想要3万块一亩征收到土地，却是难上加难。（实践认识—根据收益大小确定补偿标准）（学理逻辑—增值收益分配）

6.5　认知特征及治理策略

6.5.1　认知状态：分配"共识"逐步形成

对权利归属、地价收取、收回条件、补偿标准四方面的认知分析结果表明，使用权人和相关工作人员及专家学者，对于权利的认知逐渐趋同。虽然相关工作人员和专家学者会基于学理、法理的角度提出与合约约定相似的权利认知观点，但在实践中，由于缺乏强烈的动机，其认知向使用权人靠拢。这就逐渐形成了"合约约定≠使用权人认知=相关工作人员和专家学者认知"的局面。

（1）到期权利归属方面

对于到期后权利归属的认知，相关工作人员及专家学者基本都认同所有权归国家所有，但通过与宅基地使用权等的对比参照，其认知也可能发生动摇。虽然权利人认可所有权归国家所有，但长期的占有、使用和国家认可，使其产生了心理上的所有权。这方面的主要差异在于，使用权人只关注使用权的归属，将使用权的归属等同于土地的归属，进而主张权利。

（2）续期时收取地价及支付意愿方面

从法理和学理的角度，有偿使用得到了相关工作人员和专家学者的广泛认同，且他们认为按现在深圳市优惠的地价标准和企业的支付能力，到期收费不是难点。然而，使用权人虽然也同样认同到期应该缴纳一定费用，但是更倾向于获得一定的地价优惠，且不影响企业发展和生产。

（3）到期收回条件和退出意愿方面

在相关工作人员中，虽然将符合城市规划作为续期前提得到了广泛认可，但在具体办理续期申请时，仍然会存在社会风险等多重因素影响其认知和行为；而从实践出发，相关工作人员和专家学者也都知道到期收回土地难度极大。在利益驱使下，使用权人基本没有退出的意愿，其形成“应该给我续期”认知的路径是丰富多样的，但也存在通过放弃部分土地换取剩余部分续期的意愿。

（4）到期收回时的补偿标准方面

从学理、法理出发，认可按约定办理；但实践的经验，让相关工作人员相信，无偿或低价收回是不可能的，并将这种不可能合理化。而在使用权人方面，利益驱动下，市场交易、外部参照点等路径使其坚信理应获得市场化的补偿。

前述四个方面，“共识”正逐步形成，不仅使用权人坚持这种观点，相关工作人员和专家学者也都逐步认可这种观点。但是，在以可操作性、社会稳定等为导向的决策逻辑下，相关工作人员和专家学者的认知其实是被动的，与其说是共识，不如说是承认现实。实事求是，从短期破解续期困境来讲，这是可以理解的；但是，这种共识的出现是危险的，因为从博弈力量对比来看，所有权人的事实缺位使得使用权人失去了对手，必将在利益的驱动下一往无前。原本是两方（所有权人和使用权人）的博弈，演变成了法理约束和基层政府及使用权人的博弈。在基层，唯一彻底坚持所有权人权益的，是合约本身和法理逻辑。而政府和使用权人一起，在试图跳出法理的约束，从减少交易费用的角度，通过利益共享来破解僵局。这种转变表明，必须对问题导向的政策制定路径进行谨慎的使用。在影响重大的产权制度改革中，必须对这种认知形成路径进行深刻反思，并对被动认知进行再分析和判断。

6.5.2 形成动机：不同主体的认知特征

相关工作人员和专家学者的动机是分散的。无论是相关工作人员还是专家学者，在谈论剩余分配问题时，其观点往往呈现分化趋势，在相关的表述中，很难找出明确的动机。在认知形成的基本逻辑方面，法理、学理、情理、经验等多种逻辑并存。动机的缺乏和路径的多样化，使得观点较难统一。

（1）已出让土地的所有权人是缺位的

从相关资料中，没有发现太多维护所有权人权益的应有动机，这其实是代理人问题的直接显现。相关工作人员的多重身份决定了，其虽然是土地所有权人权益的代理人，但行为逻辑不一定是从保护所有权角度出发的。很多基于实践经验的妥协、基于学理逻辑的再解读，缺乏统一的决心和意志。作为决策者的工作人员（政策制定者），优先的逻辑是可实施性，而对于政策导向关注不多。具体办理续期事项的工作人员，则更加体现出矛盾的心理，既需要保障工作不出错而依法办事，认可已有规定，又要设法分担决策风险，避免使用权人的集体行动造成严重后果。当然，不能完全忽视代表所有权人利益的声音，但在基层，这种呼声总是被其他方面淹没。

（2）利益驱动下的使用权人是最具力量的博弈者

与相关工作人员和专家学者不同，使用权人是真正的利益相关方，他们甚至不需要相互沟通。获得利益是他们最主要的动机，而形成各种认知的路径反而显得不太重要。在有利的博弈地位下，虽然有些对自己有利的认知是真实的想法，但也不乏机会主义倾向下的故意歪曲和逻辑选择。利益驱动下，模仿、相互比较、投入等不同路径下，都会形成有利于自己的认知。当所得不符合自己认知的时候，他们还会通过集体行动来获取利益。在意志层面所有权代理人和使用权人是不对等的。

（3）长期博弈或实践已经改变了产权认知，合约约定逐步被抛弃

从认知路径的分析来看，相关工作人员和专家学者的认知，大部分已经偏离法律或合约的约定，“从实践出发”已经成为最主要的叙事逻辑，实践经验是最主要的认知来源。存在即合理，规划的实施、可操作性和社会稳定已成为判断的主要因素，并基于此形成了较为统一的认知。最大的问题是，大家都认为政府会让步。所有权人与使用权人的博弈，变成了使用权人单方面的获取。

6.5.3　形成路径：权利感的来源

空间几乎具有形成心理所有权或偏向自我认知的客体要素的一切特征。高价值带来的吸引力赋予了占有者强烈的动机，而占有物的可达性、开放性和可操作性等特征，使得形成偏向自我的认知的路径极其丰富。当合约约定不利于自己的时候，似乎只有教育和市场能够起到一定的调节作用。从前文的认知来看，权利人的认知来源路径大致包含11条，其中仅2条可形成符合产权约定的认知（见表6.8）。

表 6.8　权利人认知形成路径

<table>
<tr><th>动机</th><th colspan="2">形成路径</th><th>认知状态</th></tr>
<tr><td rowspan="9">利益驱动</td><td rowspan="5">占有使用土地</td><td>做出贡献带来的应有感</td><td rowspan="9">形成偏向自我的认知</td></tr>
<tr><td>以此谋生带来的“正义”感</td></tr>
<tr><td>发展产业带来的“正义”感</td></tr>
<tr><td>保障就业带来的“正义”感</td></tr>
<tr><td>获得政府认可</td></tr>
<tr><td colspan="2">参照模仿，公平偏好下的应有感</td></tr>
<tr><td colspan="2">舆论、宣传影响</td></tr>
<tr><td colspan="2">集体行动的力量感</td></tr>
<tr><td colspan="2">对规划等要素的不认可</td></tr>
<tr><td rowspan="2">—</td><td colspan="2">教育影响</td><td rowspan="2">符合产权约定认知</td></tr>
<tr><td colspan="2">市场影响</td></tr>
</table>

对于非权利人而言，其动机是分散的，认知的来源也是多样化的。但有一个特征是，其没有坚定的立场，会随着使用权人的认知逐步改变，并认同使用权人的立场，即“可操作性和社会稳定需求—随使用权人认知而变动”的被动路径成为相关工作人员和专家学者认知的重要来源。这就意味着，占有即正义，占有者不但拥有心理上的正义感，也会逐步获得社会的认同。

6.5.4　主要影响之一：空间合约具有内部张力

时空特征、长期占有导致的心理所有权等，使得合约具有内部张力，极端情况下会导致私有化。从心理所有权理论来看，批租制的合约内部存在一种脱离合约约定的张力，且批租周期越长，这种张力越大。内部张力与所有权人的缺失和力量的不平衡也高度相关。

（1）客体特征

从出让土地自身的属性来看，出让后的空间符合所有心理所有权目标对象的特征。土地出让后，在权利人实际占有使用的情况下，空间对权利人而言是开放、有吸引力、可见、可用、可达、可操作的，这使其成为形成心理所有权的基础。

（2）动机和形成路径

从建设用地使用权的权能来看，包含形成心理所有权的基本动机和路径。首先，动机层面，权利人拥有收益权和使用权，这使其效用动机、获取空间的动机等变得合法，没有任何心理阻碍存在；其次，路径层面，占有使用权能，使得权利人可以控制、投资、长期接触土地。这两方面共同导致心理所有权的产生，即权利人会在感觉层面形成“这是我们的土地”的想法。

（3）时间要素

时间对心理所有权的形成、强化具有重要的作用，对对象的控制、使用和投资时间越久，心理所有权的感觉越强烈。而在批租制下，动辄几十年的合约周期，在政府较少干预的情形下，足以形成“这是我们的土地”的强烈感觉。

（4）可能的影响

形成心理所有权后，权利人对于土地权利的认知便发生了变化，利益诉求、情感诉求等都随之而变，这也使权利人的行为逐步脱离合约约定。心理感知取代原始合约约定成为其判断合约得失的参照点。

当然，实践中除了心理所有权外，关于土地权利关系的理性认知也会随着时间的推移在前述要素影响下发生变化。参照点的转移、心理所有权和合约原始约定的不一致，形成了一股破坏原有约定的力量，使得法定权利下签订的土地出让合约在到期后很难按约定执行。对这种力量的存在必须予以考量，否则会形成大量的权利冲突，也可能影响到批租制下国家所有权的行使。

从前述合约权利的来源分析，要维护国家的土地所有权，可供采取的策略有：①采用较短的出让年期；②强化出让后的管控；③强化国家土地所有权的教育、宣传和引导。这几方面的途径，可以阻碍权利人心理所有权的产生，但这也是有成本的。因此，需要做好土地国家所有权与其维护成本之间的权衡。

6.5.5 主要影响之二：参照点转移使合约丧失效力

人的决策往往隐含着一定的评价和参考标准，即参照点（reference point），这也是心理学解释诸多非理性决策行为和决策偏差的重要理论（何贵兵、于永菊，2006）。根据第二代合约理论，合约是竞争性环境下的参照点，如果事后实现了合约约定的应有权利，就会选择履行合约，否则就会有机会主义行为。

外部参照点影响权利人认知。本书在对认知进行分析的过程中，发现参照也是重要的认知形成路径。然而与竞争环境下有所不同，在双边垄断、不对称关系下，当合约的利益不高的时候，合约不再是参照点；其他合约的履行情况、其他政策的规定等外部参照点成为形成权利认知的重要来源。这种参照点不仅影响使用权人的认知，也影响相关工作人员和专家学者的认知。在利益驱动下，有利的外部参照点成为权利认知的重要来源；进而在博弈过程中，相关工作人员和专家学者的认知也向外部参照点转移。从现实情况来看，外部参照点其实是多重的，但在利益驱动和公平偏好下，权利人往往选择对自己有利的外部参照点主张权利。

外部参照点影响下形成的认知权利成为权利人的内部参照点，合约逐步被抛弃。在博弈过程中，博弈双方形成对权利关系的认知，并逐渐达成共识，之后这种共识便成为事实上的交易参照点。而原有的合约约定，反而成为制约博弈双方的要素。在参照点形成后，权利人判断得失时依据的是自己内心的想法，而非合约约定。当政府决策与自身认知不符时，便会做出机会主义行为以获取利益。而对相关工作人员而言，进行决策时，会根据认知参照点判断政策的预期效果，并对决策进行修正和调整，以迎合权利人的看法。

认知权利和参照点事实上意味着博弈均衡，如果没有更强的外力介入，其必将成为新的正式规则的重要来源。然而事实上，这是使用权人单方面行动的结果。

6.5.6　到期治理：基于认知分析的博弈策略

政府的多重身份、多重目标及不对称关系扭曲了应有结构。合作博弈产生最优解的前提是经济人假设，即合作双方只会考虑自身经济利益形成最优结果。而在出让合约到期后，环境并非是完全竞争的，博弈一方是政府等组织时，政府的多重身份及多重目标会严重干扰合作的方式和结果。当一方由于非经济原因而丧失对权利认知的坚持时，这种形式的合作和权利界定就会扭曲应有的结构。最终如何形成有效认知并坚持，是博弈中的关键。

利益驱动下缺少竞争对手的使用权人成为最大获益人。在博弈过程中，使用权人的动机是明确的、目标是确定的，任何可能最大化其利益的要素，最终都会成为其权利认知的重要来源。动机和认知之间其实不需要太多的路径和理由。事实上是获利的动机赋予了其"正义"感、应有感，而在不对称关系下，可能的集体行动赋予了其行动的信心。现实中的认知博弈，演变成实际占有者单方面的攫取。

从现实来看，如果认可当前的权利认知，那么实践中已经不缺乏解决现实问题的路径。但批租制何去何从、地利如何分享是需要认真思考的重大课题。而本章的研究，对于认知冲突下的产权博弈、权利形成的路径都有一定认识。从治理策略的角度看，如果要进一步保障所有权人的权益，那可以从以下三个方面着手。

第一，统一相关工作人员的目标和认知。这首先需要厘清采取批租制的主要目标，保障公有制、获取土地收益、获取规划控制权力、获得产业发展、市场化资源配置都是可能的目标。可通过完善责任考核机制、政策引导等途径，统一相关工作人员认知，降低代理人费用，避免博弈过程中政府内部相互竞争、掣肘。

第二，从权利的形成路径出发，改变使用权人的认知。一方面，政府要提高对已出让土地的管控频率，增加所有权行使的次数和力度；另一方面，改变产业用地的使用策略，不要承载太多政府目标，每一项政府目标，都会成为使用权人声张权利的要素，要回归要素应有的商品属性。此外，还要通过教育、宣传等途径，改变使用权人的认知，强化土地国有的教育和宣传。

第三，改变外部参照点，建立合理的预期。土地出让后的各种利用和再开发过程中，都会形成新的分配格局。不同分配格局由于目标差异、生产结构差异等存在区别，但最终互为参照点，并影响国有土地产权的演进。对于国有土地使用权续期而言，其他途径是外部参照点。要形成合理的分配机制，必须构建统一的公平公正、结构稳定的分配机制，使其成为各种政策路径和主体的唯一参照点，形成稳定的认识和预期。

6.6　小结

本章分析了合约到期后的剩余分配问题，论述了认知分析的必要性，并设计研究从实践中的真实案例、座谈记录、司法文书以及访谈中梳理并分析各方认知。最后总结了空间合约框架下的权利认知及其形成机制，提出了治理策略。本章的主要结论有以下几个。

第一，被动的分配“共识”及其形成路径。在权利归属、地价收取、收回条件、补偿标准等方面，权利人基本上已经形成“共识”。利益驱动下没有竞争对手的使用权人成为最大获益人，非竞争环境及政府的多重身份和多重目标使得合约博弈严重偏向使用权人，并最终扭曲了应有分配结构。在以可操作性、社会稳定等为导向的决策逻辑下，相关工作人员和专家学者的认知其实是被动的，是对现实的无奈认可，并非真正的共识。在影响重大的产权制度改革中，必须对这种认知形成路径进行深刻的反思，并对被动认知进行再分析和判断。

占有、使用、投资、收益等直接行为，以土地谋生、发展产业、解决社会就业问题等地上活动，宣传教育和参照效应等都会影响权利人，使其形成偏向自我的权利认知。“可操作性和社会稳定需求—随使用权人认知而变动”的被动路径成为相关工作人员和专家学者认知的重要来源。

第二，对合约和公有制度产生重要影响。认知博弈形成了新的权利参照点，合约约定逐步被抛弃。权利人判断得失的依据是自己内心的想法和认知，而非合约约定；相关工作人员进行决策时，会根据认知参照点判断政策的预期效果，并对决策进行修正和调整，以迎合权利人的看法。出让合约中的认知和博弈特征，使得批租制空间合约具有内部张力，使其呈现不稳定状态，最终可能会破坏产权结构并影响社会主义公有制度。这种内部张力源于其四项权能和超长年期，也与所有权人的缺失和力量不平衡高度相关。

第三，基于认知分析的到期治理策略。对认知的系统解构提供了博弈的基本思路，即需要进一步明确批租制的目标，通过责任考核机制、政策引导等途径统一相关工作人员认知，从权利的形成路径出发改变使用权人的认知；同时也需要构建统一的公平公正、结构稳定的分配机制，使其成为唯一参照点，形成稳定的认识和预期，并基于新的参照点构建治理的政策体系。

第7章

治理策略及政策建议

基于前文实证分析结论，本章从合约角度，提出深圳市产业用地到期治理的策略和政策建议。首先从批租制的作用、社会主义本质要求、当前的发展阶段及特征、深圳实践需要等层次提炼治理的目标；然后根据实证研究发现的客观规律，构建治理机制和策略；最后提出若干政策建议。

7.1 治理需求

国有土地出让制度是在公有制框架下，为适应社会主义市场经济建设而做出的制度选择。这种制度选择内生于社会主义公有制度，而市场化转型的特征和需要为关键影响变量。社会主义制度是我国的根本制度，而公有制是其基础；无论何时，土地公有才能确保社会主义公有性质不动摇。在此前提下，不同发展阶段，需根据发展特征和现实需要，构建相应治理体系、提高治理能力。

（1）治理体系问题

空间合约是透视国土空间治理体系的最佳视角（见图7.1）。以空间生产合约机制为线索，本书第4章至第6章分析了空间生产合约机制的特征、规律以及认知生产的机制和可能影响。根据前文分析，空间生产合约约束下的空间生产必然面临效率问题，形成偏向自我的权利认知，且产权博弈具有必然性。空间生产合约是国有土地治理体系的微观机制，嵌入了自上而下的治理要素。因此，出让合约暴露出的问题，也反映出了国土空间治理体系存在的问题及治理能力方面的不足。根据前文分析，除渐进式改革路径中存在制度摩擦及规划和土地制度无法有效融合外，治理体系还存在以下方面的问题。

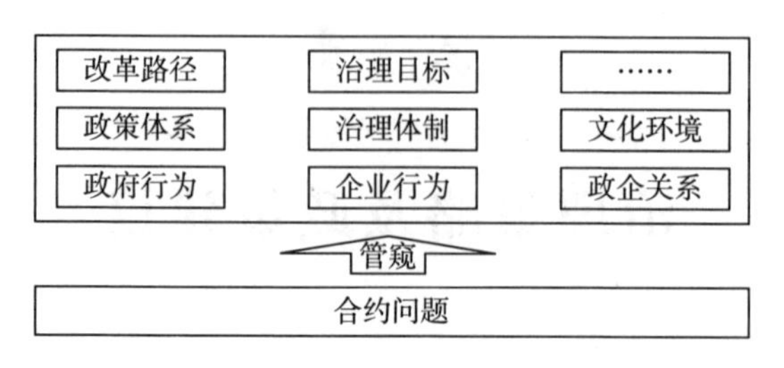

图 7.1　从合约管窥治理体系

第一，合约相关政策体系及治理机制有待完善。无论是产权制度、土地出让、开竣工管理、土地批后监管，还是土地二次开发，涉及国有土地出让合约的各类政策都存在一定的不确定性（张静，2003）。政策的不确定性嵌入合约后造成合约不完全，进而影响空间生产效率。政策的不完备性与空间资源特征、渐进式改革路径及地方政策制定模式高度相关。出让政策、批后监管政策等都是逐步构建的，早期存在诸多不合理之处，因此造成了大量合约问题。此外，市场体系不够完备导致信息无法完全披露；合约执行的监管机制不够完备、技术不够先进以及合约执行不够到位，导致合约问题没法得到有效治理。

第二，国土空间治理相关制度不够完善。从合约反映的问题来看，主要是对于存量土地的治理职能存在重叠。虽然经过机构职能整合，规划和土地实现合并，但内部仍然存在不同政策口径。城市更新、土地整备、土地利用等部门以及各区政府、区级部门，在存量土地利用中都发挥了重要作用。各部门有政策制定权限、有与市场主体的直接接触，因而会形成部门特有的政策体系。受部门背景、专业素养、专业背景等影响，不同体系之间在收益分配等关键环节存在较大差异，对国有土地有偿使用的认知不统一。

第三，土地出让制度的目标需进一步明确。当目标较多时，会存在冲突，甚至引发混乱。土地出让制度自探索建立以来，除了帮助国家获得土地收益，也逐步承载了促进产业转型升级、解决就业等部分功能。尤其是近年来，通过减免地价、提供发展空间等途径，促进实体经济发展的趋势越发明显，不断通过空间政策扶持实体经济发展（深圳市规划和自然资源局，2016，2019a，2019b）。虽然从国外经验来看，获取土地收益、获得规划权利都可能是公共土地租赁的重要目标，但国外往往目标较为单一（Bourassa and Hong，2003）。然而目前，对于土地出让制度的目标尚存在争议，以获取土地收益为主还是以促进产业发展为主尚无定论。这必将对到期治理规则和制度未来走向产生重大影响。

第四，地方政府行为需进一步规范。地方政府作为合约的当事方，法理上拥有城市土地的实际剩余，具备对土地要素进行符合自身效用函数配置的能力（盖凯程、李俊丽，2009）。由于出让合约中的不对称关系，部分政府部门在面临更有效的选择时便会产生与合约约定不一致的行为，且往往在换届等情形下较为常见（刘顺义，2005；梅立润，2018）；而此类行为也会影响空间合约的履行，提高交易费用，进而影响空间生产效率。

第五，政企关系需进一步优化。根据前文分析，空间合约是关系性合约，合约双方的长久关系影响着合约的履行和空间生产效率。关系性合约中合约关系的治理也至关重要（Furubotn and Richter，2010），良好的合约关系可以有效弥补其他治理机制的不足，促进合约的履行。然而“地方发展型政府”（张汉，2014）对于空间生产的参与程度远高于合约约定。除了不同阶段的不对称特征外，更加密切的非市场关系甚至影响到了土地出让的价格（杨广亮，2019）。这种复杂的关系，对于治理体系和治理环境都会产生重大的影响。

第六，市场主体行为待规范。虽然我国的法治体系和市场体系不断完善，但空间生产过程中仍然存在大量的权利人投机行为。面对空间收益，信息的隐瞒、伪造和对政府部门的腐蚀等行为严重影响着空间生产效率。

第七，空间治理的教育、舆论环境需进一步优化。这主要体现在缺少土地文化建设、正面宣传教育和引导的正规渠道，其他传播渠道缺乏制度自信，没有充分认识到土地公有的制度优势，没有充分认识到公有制度与西方私有制之间的异同，将二者对立起来，使得普通群众可能形成极端的制度认知。

合约关系本质上是治理体系与使用权人的关系，是政府与市场的关系，是国家与人民的关系，既是生产关系也构成分配关系，因此存在较多深层次的治理问题需要解决。国有土地使用权到期治理，除解决好现实问题外，也必须系统解决好前述问题，这样才能应对国土空间利用面临的新形势和新使命。

（2）深圳发展需要

产业是城市发展的基石，土地是其最重要的载体，空间治理必须以满足城市发展需求为前提。

第一，拓展空间需求。新增空间有限、存量空间利用效率不够高必然是深圳今后一段时间持续面临的重大难题。然而，截至2018年底，全市已出让的产业用地约88平方公里，理论上如全部按现有规划提容增建，可在不新增加建设用地情况下，增加1.6亿平方米产业用地空间（深圳市规划和自然资源局，2019c）。这个数据相当于2018年产业现状建筑总量的60%。这在反映出深圳产业用地利用效率较低的同时，为拓展产业发展空间提供了方向。

第二，提高效益及发展转型需求。一方面，虽然相较于国内其他城市，深圳无论是产业发展质量还是产业用地产出效益，都处在相对较高的水平，但与新加坡、东京、香港等国际化大都市相比，仍然存在较大差距。另一方面，新时代，党中央、国务院赋予了深圳新的发展定位，明确要求深圳实施创新驱动发展战略、加快构建现代产业体系、率先建设体现高质量发展要求的现代化经济体系，这就要求深圳大力提高产业用地效益，努力转型升级，打造高质量、现代化的产业体系。

7.2 治理策略

维护公有制度、优化治理体系、支撑深圳发展、解决实际问题四大目标是相互统一的，维护公有制度是前提、优化治理体系是主要抓手，而支撑深圳发展和解决实际问题是落脚点。前述目标的实现，既需要深化改革，也需要转变发展思路，系统谋划、综合施策。

深化机制体制改革，优化空间治理体系，提高空间生产效率。完善所有权行使机制，充分利用公有制赋予的管控权利，强化社会主义公有制本身；构建健康的政企关系，厘清政府与市场的边界，规范使用权人和所有权人行为；优化渐进式改革路径下的政策制定机制，避免政策摩擦带来的合约问题；完善城市规划制度，避免规划冲突；优化国土空间管理职能，构建统一的收益分配机制；加强空间文化建设，建立稳定有效预期，有效保障公有制度。

转变空间拓展思路，破解深圳发展瓶颈，促进产业转型升级。充分利用产业用地到期契机，全面提升空间利用质量，通过存量挖潜拓展产业发展空间，通过空间手段引导产业转型升级。直面国有土地使用权到期的产权博弈现实，在保障公有前提下，尊重市场力量，让市场主体积极参与空间拓展和产业转型发展进程。

完善空间合约机制，解决当前续期困境。尽快完善出让合约相关规则，明确到期收地、到期续期的具体做法，建立稳定合理预期。

产业用地到期治理的策略和措施见图7－2。

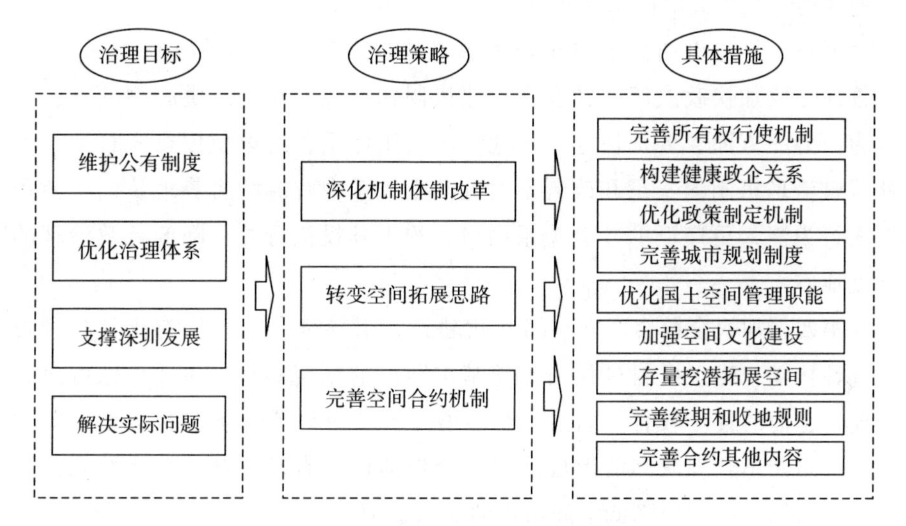

图7.2 产业用地到期治理的策略和措施

7.3 政策建议

根据前述治理策略和具体措施，从完善治理环境、到期续期、到期收回等三个方面提出具体的政策建议。

（1）完善治理环境的政策建议

结合国家关于治理体系和治理能力现代化改革相关要求，完善国土空间治理的政策环境、市场环境、舆论环境。

第一，优化城市规划等政府决策机制，提高所有权人决策的公信力。优化城市规划制定机制，将土地产权关系纳入规划考虑范畴，避免与现有土地合约的大规模冲突，提高使用权人对城市规划的认可度。优化渐进式改革路径下的政策治理机制，主要是在制度制定过程中，要充分考虑已有合约安排，避免新制度对已有产权关系产生冲击，进而增加交易费用，导致合约无法履行。

第二，优化空间治理的政府职能设置。自上而下优化政府职能设置，尤其是基层要统一国有土地所有权行使的部门，做到政出一门，避免不同部门因政策目标、发展背景等不同而形成不同的政策规定和经济预期，从而导致存量土地产权关系混乱。在深圳，需尽快做到土地整备、城市更新、土地利用、区相关部门相互统一。

第三，打造更加健康的政企关系，减少不符合合约约定行为的发生。一方面，要加快政府职能转变，构建机制约束政府在土地供应中的不恰当行为。另一方面，要加快建设土地市场信用体系，约束使用权人行为，弥补行政治理机制的不足和改善不对称政企关系中政府的劣势地位，将使用权人行为嵌入更广泛的社会关系网络，约束其投机行为，降低行政治理的制度成本。

第四，加快全社会国土空间文化建设，引导全社会对国有土地权利形成理性认知。建立机制对我国土地基本制度的制定初衷、主要做法等进行长期、正面的宣传教育。通过宣传教育干预心理认知，通过提高政府干预频次等阻断不合理认知的形成路径。合理的认知有利于建立公平公正的利益共享机制，有利于降低空间治理的交易费用。

第五，强化所有权人对已出让土地的全生命周期管控。尽快建立完善所有类型产业用地全生命周期管控机制，严格按照合约约定和国家规定对产业用地上的空间生产行为进行监管。全生命周期管控，一方面可提高续期后合约的履行率；另一方面，可强化所有权，改变使用权人认知，使其认知向批租合约约定靠拢。

第六，尽快完善国有土地所有权行使的机制体制。现实中对于所有权中的设定权、出让时的收益权的行使等不存在太多实践障碍，而回归权及收益权的行使存在较大难度。需尽快建立包含行政、司法等多种手段在内的回归权行使机制，严格收回应收土地，避免形成普遍的不良预期。

（2）到期续期的政策建议

以《城市房地产管理法》《物权法》等相关法律法规中的土地使用权续期制度为基础，全面对接工业用地弹性年期制度，做到依申请续期、弹性续期、有偿续期及规范续期，具体措施有以下几个。

第一，所有类型产业用地统一规制。30～50 年年期是在探索有偿使用制度早期做出的安排，长于一般的产业周期。随着深圳市产业发展步入成熟阶段，50 年的年期早已不符合产业生命周期特征。因此，建议不再区分是否已达到法定最高年期，对所有产业用地使用权续期进行统一规制。

第二，行使所有权人权利，严格限制续期条件。赋予政府决定权，在审批环节严格审查，坚持公权力优先，即要保障公共利益的实现和城市规划的实施。同时，为保障公民合法财产权利，在符合续期条件的情况下，权利人应具有优先使用权，即同等条件下续期优先的权利。

第三，实行到期土地效率评估，通过微改造提高存量用地利用效率。建立到期土地利用效率评估机制，对产业用地建设的强度、布局、建筑寿命等进行综合评估，作为产业用地使用权续期依据。对于空间利用效率较低的，引导其通过加建、改建、扩建等更新途径，提高利用效率。

第四，实行到期绩效评估，促进产业转型升级。建立到期产业用地绩效评估制度，评估结果作为续期审批、地价评估依据。制定产业用地绩效考核标准，对产业用地产业类型、投资强度、产出效率、纳税情况以及节能、环保、就业等情况进行综合评估，作为产业用地使用权续期基本依据。对于绩效评估低于一定标准的，不予续期。

第五，全面对接弹性年期制度。土地使用权期限届满后可采取多样化方式进行续期，将租赁和长期续期结合。具体可结合产业周期，合理设定续期或租赁年限；对于专用性较低的标准厂房等，可按建筑物寿命确定续期年限；允许重建的，可参考新供应用地年期确定规则重新确定土地年期。

第六，适度允许重建。年期较短可能造成预期的不稳，影响部分企业的投资激励。尤其是先进制造企业，其发展壮大是循序渐进的过程，技术进步、设施建设、人才培养都是长期积累的成果，其中设施和人才具有一定的地域惯性，因建筑物老旧、期限届满不予续期而搬迁必然造成资源浪费和人才流失，不利于企业进一步发展，给国民经济发展造成重大损失。因此，为保障产业发展成果，对于建筑物质量安全不达标，但符合其他续期条件，且绩效评估较好的工业用地，可允许权利人重建。

第七，坚持有偿续期，采取差异化支付周期。落实国有土地有偿使用制度，维护市场公平，提高土地利用效率。通过与大量权利人谈判，了解其支付能力和支付意愿，并根据支付能力，采取差异化的支付周期，进而降低总交易费用。

第八，完善续期合约条款，避免履约问题。完善合约表述和约定方式，尽可能采取较为精确、可判断、可事后证实的语言，避免在合约履行认定方面存在争议。另外，需要弹性约定开发建设时限。针对不同行业、不同建设规模，采取差异化的开竣工期限要求。增加产业发展约束条款，对于产业类型、投资情况、产出效益、产值税收及认定标准等进行约定，使得后期履约问题认定有据可依。降低嵌入型约定的交易费用。

(3) 到期收回的政策建议

第一，严格限制收地条件，坚决落实所有权人土地回归权。回归权是保障社会主义公有制的关键。对于不符合续期条件、绩效不达标、建筑物灭失、所有权人主动放弃等情形，应依法收回土地使用权。具体落实时应尽量缩小收回土地的范围，将其社会影响降到最低。

第二，统筹建立统一稳定的增值收益分配机制。统筹考虑城市更新、土地整备等二次开发政策，构建公平公正、结构稳定的分配机制，使其成为唯一参照点，形成稳定的认知和预期，引导形成合理的权利预期，并基于此制定到期收回的补偿标准。

第8章 结论及展望

8.1 主要结论

8.1.1 理论构建

本书在坚持“社会－空间”辩证逻辑基础上，基于合约理论及心理所有权理论构建了空间生产的合约机制，形成了“合约－行为－认知”三位一体的理论逻辑。实践主体在合约约束下开展空间生产活动，合约机制构成空间生产的制度结构，进而影响空间生产效率。权利关系并非完全外生的变量，在空间生产过程中，会逐步产生新的权利认知。权利认知会影响实践主体的行为，并可能通过博弈影响合约关系和正式的产权规则，进而反作用于空间生产本身。在这样的循环作用机制中，合约和产权关系的构建与空间生产相互作用、相互影响，统一于社会空间实践。该理论框架可处理结构、信息、行为、认知等多方面要素。

交易费用是产权和合约效率的重要评判标准，但在空间生产的合约机制中，交易费用并不是最优的效率评价准则。一方面，交易费用难以完全界定和测度。另一方面，以交易费用为效率评价标准，暗含权利关系外生且最优的假设，然而空间生产实践中存在诸多不确定因素，导致合约约定的权利关系并非一定是最优选择，且合约约束下的生产活动会产生新的产权规则，这就导致最低的交易费用并不一定带来最高的生产效率。鉴于此，本书从合约关系在社会空间实践中的基本功能出发，将参照点（合约约定）与空间实践的一致性作为检验空间生产合约效率的重要标准。一致性准则与交易成本、生产效率标准是内在统一的，但不以合约完全履行为最优解，更重要的是考察合约约束下的空间生产效率。

8.1.2 研究发现

本书基于社会空间生产的合约机制理论框架，从合约角度探索了深圳市产业用地出让合约到期问题，分析了产业用地空间生产合约的结构和治理特征、合约存在的问题、优化策略以及权利认知构建机制。

（1）空间生产合约的结构特征

出让合约具有不完全性、资产专用性、合约双方关系不对称、超长周期等特征。不完全性源于空间资源的复杂性及不确定性，进而造成两方面的不完全，即部分要素没有约定、部分要素过于刚性没有对可能变化进行约定。时空专用性是影响事后治理的关键，赋予了实际控制方博弈优势。除显性的治理机制外，复杂的政企关系网络也嵌入土地合约，且呈现不对称特征，影响合约实施及再谈判。由于合约周期超长，过于刚性的约定反而会导致合约被破坏，当治理机制无法有效处理的时候，必须重新进行谈判，即产权规则的再界定。代理人竞争和信息问题也是影响合约效率的关键要素。

（2）空间生产及治理特征

空间合约的不完全性及诸多特征导致空间生产必然面临效率问题，因此需要持续优化合约结构及整体治理体系。时空专用性导致空间生产伴随着产权博弈，这也说明没有纯粹的私有制和公有制，无论法律如何约定，实际合约剩余产生时，都会发生合约再谈判，并由双方共享合约剩余。没有所有权的一方会通过机会主义行为（敲竹杠、占有、违法利用、隐藏、合谋）等获取剩余权利，在此过程中政府处于弱势地位，面临所有权丧失的风险。与私有制相比，公有制下所有权人（政府）名义上拥有剩余控制权，事实上政府有较强的管控能力。

（3）空间生产中的合约问题及其原因

约前的信息不对称、合约语言的模糊性、合约约定过度刚性、合约约定的不全面以及治理结构问题，导致空间生产过程中存在土地闲置、已批未建、产业低效发展等诸多问题。空间再生产的时机选择是影响合约效率的关键，滞后则不经济。然而，超长的合约周期增加了再生产的交易费用，影响了再生产的进程。在空间资源极其紧张的情况下，大量产业用地处于低效利用状态，会造成极大的社会损失。约期的长短影响着需要支付租金（地价）的总额，进而影响使用人的支付能力和支付意愿。地价缴纳的频率与技术性交易费用之间存在正比例关系；地价缴纳的频率影响每次缴纳的额度，频率越高，单次缴纳越少，因此与支付意愿和支付能力形成的谈判性交易费用之间存在反比例关系。

（4）被动的分配“共识”及其形成路径

认知分析表明，在权利归属、地价收取、收回条件、补偿标准等方面，相关主体基本上已经形成“共识”。利益驱动下没有竞争对手的使用权人成为最大获益人，非竞争环境及政府的多重身份和多重目标使得合约博弈严重偏向使用权人，并最终扭曲了应有分配结构。在以可操作性、社会稳定等为导向的决策逻辑下，相关工作人员和专家学者的认知其实是被动的，是对现实的无奈认可，并非真正的共识。

占有、使用、投资、收益等直接行为，以土地谋生、发展产业、解决社会就业问题等地上活动，宣传教育和参照效应等都会影响权利人，使其形成偏向自我的权利认知。“可操作性和社会稳定需求—随使用权人认知而变动”的被动路径成为影响相关工作人员和专家学者认知的重要来源。

（5）产权认知对合约和公有制度产生重要影响

认知博弈形成了新的权利参照点，合约约定逐步被抛弃。权利人判断得失的依据是自己内心的想法和认知，而非合约约定；相关工作人员进行决策时，会根据认知参照点判断政策的预期效果，并对决策进行修正和调整，以迎合权利人的看法。出让合约中的认知和博弈特征，使得批租制空间合约具有内部张力，使其呈现不稳定状态，最终可能会破坏产权结构并影响社会主义公有制度。这种内部张力源于其四项权能和超长年期，也与所有权人的缺失和力量不平衡高度相关。

8.1.3 政策启示

（1）空间生产合约完善

为提高空间生产和再生产效率，合约签订时需要提高约前的信息对称性，完善合约表述、约定方式和治理机制；增加产业发展约束条款，对再生产的各种可能情形进行初步的约定；完善所有权人决策机制，避免因规划调整和政策变迁造成大量履约问题；缩短合约周期，将合约周期与产业周期和规划周期靠拢，通过延期来保持其与建筑寿命之间的一致性。此外，约期的长短影响着需要支付租金（地价）的总额，进而影响使用人的支付能力和支付意愿，需根据支付能力，采取差异化的支付周期或合约周期，以降低总交易费用。

（2）合约到期处置原则

空间生产合约中的资产专用性决定了合约到期续签是第一选择。以普遍续期为原则和以普遍终止为原则是两种截然不同的合约选择，由于各方面专用资产的存在，如以普遍终止为原则，一方面交易费用极高、政策会沦为一纸空文；另一方面会导致大面积的产业重构，影响经济社会可持续发展。此外，存量时代产权博弈具有必然性，到期治理需要改变自上而下的管制思路，尊重空间规律和市场诉求。

（3）合约到期产权博弈

在影响重大的产权制度改革中，必须对产权认知形成路径进行深刻的反思，并对被动认知进行审慎的判断，否则会影响产权关系和社会主义公有制度。具体操作层面，要进一步明确批租制的目标，通过责任考核机制、政策引导等途径统一相关工作人员认知，从权利的形成路径出发改变使用权人的认知；同时，也需要构建统一的公平公正、结构稳定的分配机制，使其成为唯一参照点，形成稳定的认识和预期，并基于新的参照点构建治理的政策体系。

8.1.4 政策建议

利用空间生产合约透视，国有土地治理体系存在政策不完备等诸多问题；从深圳市情出发，深圳发展存在拓展产业发展空间、提高空间效益和解决到期问题等现实需求。针对前述问题和需求，本书以维护公有制度、优化治理体系、支撑深圳发展、解决实际问题为目标，提出深圳市产业用地治理需深化机制体制改革、转变空间拓展思路并完善空间合约机制，并提出了完善所有权行使机制、构建健康政企关系、优化政策制定机制、完善城市规划制度、优化国土空间管理职能、加强空间文化建设、存量挖潜拓展空间、完善续期规则和收地规则、完善合约其他内容等具体措施。根据前述治理策略和具体措施，从完善治理环境、到期续期、到期收回等方面提出政策建议。

8.2 主要创新点

第一，在“社会-空间”辩证逻辑下，引入合约理论，构建了空间生产的合约机制，阐明了“合约-行为-认知”之间的作用机制，并提出了空间生产合约考察的效率标准。一方面，拓展了社会空间分析的理论和方法，强化了社会空间理论处理产权等复杂社会关系的能力；另一方面，将信息、行为、认知等要素纳入统一的分析框架，使得社会空间理论与制度经济学方法进一步接轨。

第二，本书指出由于空间生产活动不确定性极高，空间生产合约不能有合约约定是长期社会最优的假设，因此交易费用不能作为合约效率考察的唯一标准，生产效率和一致性是更好的准则。

第三，本书丰富了不完全合约理论关于合约人行为的研究，得到了与第二代合约理论不同的结果，即合约不一定是合约方的行为参照点，超长周期的空间合约机制可能内生新的产权规则，进而出现新的参照点；合约人也可能根据外部参照点判断得失，而非合约自身。

8.3 不足与展望

第一，本书的研究是探索性的，加之相关数据的获取和广泛调研存在障碍，导致无论是合约选择和设计，还是认知的调查和分析，都是定性分析，缺少更加精确的测度。因此，在未来研究中，有必要从定性理论框架出发构建定量分析模型，并进行数量化的分析和验证。

第二，本书未将我国的批租制与国外的公有土地租赁制度进行对比分析。一方面，我国特殊的国情和深圳市情，使得国际比较和分析缺乏实际意义；另一方面，除了部分文献中介绍了大致情况外，很难了解国外租赁合约运行的具体情况。在数据获取基础上进行对比分析，可以为我国批租制的完善和到期治理策略的制定提供经验。

第三，我国的空间治理体系由中央、省、市等多个尺度共同构成，各个尺度的治理重心、治理主体等都存在差别。虽然以深圳为例，通过合约可透视全貌，但必然导致尺度差异、区域差异被忽略。因此，多尺度、跨区域的合约优化和认知分析是必要的。

第四，本书研究未考虑个体认知和集体认知的差异，未来研究需予以重视。

第五，本书未提出政企关系治理、土地收回、地价计收等方面的具体规则，未来仍需进一步研究。

参考文献

A. 爱伦 · 斯密德，1999，《财产、权利和公共选择——对法和经济学的进一步思考》，黄祖辉、蒋文华、郭红东、宝贡敏译，上海三联书店、上海人民出版社。

蔡晓梅、刘美新，2019，《后结构主义背景下关系地理学的研究进展》，《地理学报》第 8 期。

曹飞，2017，《城市存量建设用地低效利用问题的解决途径——以工业用地为例》，《城市问题》第 11 期。

曹钢，2002，《产权理论历史发展、两种研究定位及对〈产权分析的两种范式〉之质疑》，《中国社会科学院研究生院学报》第 1 期。

柴彦威、刘志林、李峥嵘、龚华、史中华、仵宗卿，2002，《中国城市的时空间结构》，北京大学出版社。

柴彦威、塔娜，2011，《中国行为地理学研究近期进展》，《干旱区地理》第 1 期。

柴彦威，2005，《行为地理学研究的方法论问题》，《地域研究与开发》第 2 期。

陈华，2012，《中国制度变迁与区域经济增长的空间计量经济分析》，博士学位论文，华东师范大学。

陈基伟，2017，《低效工业用地再开发政策研究》，《科学发展》第 1 期。

陈靖斌、童海华，2018，《深圳最大闲置土地陷“无力开发”窘境》，《中国经营报》12 月 1 日。

陈少琼，2004，《我国国有土地使用权出让合同法律性质》，《中国司法》第

12 期。
程承坪，2007，《所有权、财产权及产权概念辨析——兼论马克思所有制理论与现代产权理论的异同》，《社会科学辑刊》第 1 期。
储小平、刘清兵，2005，《心理所有权理论对职业经理职务侵占行为的一个解释》，《管理世界》第 7 期。
大卫·哈维，2010，《作为关键词的空间》，付清松译，《文化研究》第 10 辑。
道格拉斯·C. 诺思，2014，《制度、制度变迁与经济绩效》，杭行译，格致出版社。
德姆塞茨，1994，《一个研究所有制的框架》，载《财产权利与制度变迁》，刘守英等译，上海三联书店。
董君，2010，《马克思产权理论的国内研究综述——兼与现代西方产权理论的比较》，《内蒙古财经学院学报》第 3 期。
董黎明、袁利平，2000，《集约利用土地——21 世纪中国城市土地利用的重要方向》，《中国土地科学》第 5 期。
杜润生，2001，《土地制度是第一位重要的》，《山东农业》第 7 期。
樊纲，1994，《渐进与激进：制度变革的若干理论问题》，《经济学动态》第 9 期。
樊纲，1993，《两种改革成本与两种改革方式》，《经济研究》第 1 期。
方创琳、周尚意、柴彦威、陆玉麒、朱竑、冯健、刘云刚，2011，《中国人文地理学研究进展与展望》，《地理科学进展》第 12 期。
方竹兰，2005，《论诺思方法与马克思方法的互补性——思考中国转轨阶段的制度分析方法》，《学术月刊》第 3 期。
房艳刚，2006，《城市地理空间系统的复杂性研究》，博士学位论文，东北师范大学。
福柯、雷比诺，2001，《空间、知识、权力——福柯访谈录》，载包亚明主编《后现代性与地理学的政治》，上海教育出版社。
付莹，2014，《深圳经济特区土地有偿出让制度的历史沿革及其立法贡献》，《鲁东大学学报》（哲学社会科学版）第 4 期。
傅强，1997，《对深化行政划拨土地使用权改革的思考——从英国的土地税制谈起》，《中国土地科学》第 5 期。
盖凯程、李俊丽，2009，《中国城市土地市场化进程中的地方政府行为研究》，《财贸经济》第6期。

高圣平，2012，《建设用地使用权期限制度研究——兼评〈土地管理法修订案送审稿〉第89条》，《政治与法律》第5期。

苟正金，2015，《论住宅建设用地使用权的自动续期》，《西南民族大学学报》（人文社科版）第10期。

浩然，2016，《财产权预期视角下的建设用地使用权续期问题探讨》，《山东社会科学》第11期。

何贵兵、于永菊，2006，《决策过程中参照点效应研究述评》，《心理科学进展》第3期。

何金廖，2018，《新近国际人文地理学研究进展浅议》，《地域研究与开发》第2期。

何平，2008，《企业寿命测度的理论和实践》，《统计研究》第4期。

何雪松，2005，《空间、权力与知识：福柯的地理学转向》，《学海》第6期。

洪丹娜，2017，《宪法视阈中住宅建设用地使用权自动续期的解释路径》，《法学论坛》第4期。

侯纲，2013，《关于住宅建设用地使用权续期的讨论》，《现代城市研究》第9期。

侯学平，2006，《广东省土地市场运作模式与相关政策分析》，《广东土地科学》第4期。

胡大平，2004，《从历史唯物主义到历史地理唯物主义——哈维对马克思主义的升级及其理论意义》，《南京大学学报》（哲学·人文科学·社会科学版）第5期。

胡大平，2017，《哈维的空间概念与历史地理唯物主义》，《社会科学辑刊》第6期。

胡海峰、李雯，2003，《对制度变迁理论两种分析思路的互补性思考》，《人文杂志》第4期。

胡军、孙莉，2005，《制度变迁与中国城市的发展及空间结构的历史演变》，《人文地理》第1期。

胡世锋，2015，《住宅建设用地使用权有偿续期及其困境破解——兼评〈物权法〉第一百四十九条“自动续期”的规定》，《中国房地产》第6期。

黄琨，2006，《中国共产党土地革命的政策与实践（1927～1929）》，《长白学刊》第4期。

黄少安，1999a，《马克思经济学与现代西方产权经济学理论体系的比较》，《经济评论》第4期。

黄少安，1999b，《马克思主义经济学与现代西方产权经济学的方法论比较》，《教学与研究》第6期。

黄少安，1999c，《马克思主义经济学与现代西方产权经济学的方法论比较（续）》，《教学与研究》第7期。

黄铁、韩福荣、徐艳梅，1997，《中外合营企业寿命周期研究》，《管理世界》第5期。

黄文浩，2017，《城市土地使用权到期续租与否？——基于财政可持续性的分析》，《公共行政评论》第2期。

黄新华，2012，《政治过程、交易成本与治理机制——政策制定过程的交易成本分析理论》，《厦门大学学报》（哲学社会科学版）第1期。

江泓，2015，《交易成本、产权配置与城市空间形态演变——基于新制度经济学视角的分析》，《城市规划学刊》第6期。

姜仁荣、刘成明，2015，《城市生命体的概念和理论研究》，《现代城市研究》第4期。

焦永利、叶裕民，2015，《论城市的合约性质》，《中国人民大学学报》第1期。

靳相木、欧阳亦梵，2016，《住宅建设用地自动续期的逻辑变换及方案形成》，《中国土地科学》第2期。

康晓强，2008，《产权理论：马克思和巴泽尔的比较》，《2008年度上海市社会科学界第六届学术年会文集》。

理查德·A. 波斯纳，1997，《法律的经济分析》，中国大百科全书出版社。

李舒瑜，2016，《上年度本级预算执行和其他财政收支的审计报告“出炉”，1860套保障房空置超一年》，《深圳特区报》8月24日。

李文钊，2017，《政策论证的逻辑——以土地使用权到期续约问题为例》，《武汉科技大学学报》（社会科学版）第4期。

李文震，2001，《论制度结构及其互补性对制度变迁绩效的影响》，《湖北大学学报》（哲学社会科学版）第3期。

李秀玲、秦龙，2011，《“空间生产”思想：从马克思经列斐伏尔到哈维》，《福建论坛》（人文社会科学版）第5期。

李义平，1993，《马克思的所有制理论与西方产权学派理论的比较研究》，《学术月刊》第3期。

李政辉，2004，《土地使用权期限届满后的法律路径》，《国土资源》第6期。

廖永林、雷爱先、王小雨、段春华，2008a，《看清交易新规则——新〈国有建设用地使用权出让合同〉示范文本详解（上）》，《中国土地》第6期。

廖永林、雷爱先、王小雨、段春华，2008b，《以规矩成就方圆——〈国有建设用地使用权出让合同〉示范文本详解（二）》，《北京房地产》第9期。

列斐伏尔，2003，《空间政治学的反思》，载包亚明主编《现代性与空间的生产》，上海教育出版社。

林岗、张宇，2000，《产权分析的两种范式》，《中国社会科学》第1期。

林广思、吴安格、蔡珂依，2019，《场所依恋研究：概念、进展和趋势》，《中国园林》第10期。

刘成明、李贵才、陶卓霖、罗罡辉、刘芳，2019，《制度缺陷及摩擦对空间效率的影响机制——以深圳市为例》，《地域研究与开发》第6期。

刘和旺，2011，《马克思与诺思制度分析方法之比较——兼论宏观制度分析的微观基础》，《学习与实践》第3期。

刘怀玉、范海武，2004，《“让日常生活成为艺术”：一种后马克思的都市化乌托邦构想》，《求是学刊》第1期。

刘俊，2011，《广东省土地市场动态监测监管的思考》，《中国国土资源经济》第12期。

刘俊，2006，《土地所有权权利结构重构》，《现代法学》第3期。

刘凯、汤茂林、刘荣增、秦耀辰，2017，《地理学本体论：内涵、性质与理论价值》，《地理学报》第4期。

刘倩、刘青、李贵才，2019，《权力、资本与空间的生产——以深圳华强北片区为例》，《城市发展研究》第10期。

刘锐，2016，《住宅国有土地使用权自动续期的实现路径》，《理论与改革》第6期。

刘世定，1998，《科斯悖论和当事者对产权的认知》，《社会学研究》第

2 期。

刘世锦，1993，《经济体制创新的条件、过程和成本——兼论中国经济改革的若干问题》，《经济研究》第 3 期。

刘守英，2018，《土地制度变革与经济结构转型——对中国 40 年发展经验的一个经济解释》，《中国土地科学》第 1 期。

刘守英，2017，《土地制度变革与中国经济发展》，《新金融》第 6 期。

刘顺义，2005，《中国地方政府届别机会主义倾向经济行为探讨》，《甘肃理论学刊》第 2 期。

刘卫东，2014，《经济地理学与空间治理》，《地理学报》第 8 期。

刘彦随、陈百明，2002，《中国可持续发展问题与土地利用/覆被变化研究》，《地理研究》第 3 期。

楼建波，2015，《〈物权法〉为何没把自动续期“说透”?》，《中国国土资源报》第 5 期。

卢现祥，1999，《市场化改革的路径选择：激进式改革与渐进式改革的比较》，《山东经济》第 1 期。

卢现祥，1998，《我国的渐进式改革及其寻租问题》，《中南财经大学学报》第 5 期。

卢现祥、朱巧玲，2012，《新制度经济学》，北京大学出版社。

卢新波、金雪军，2001，《马克思制度经济学与新制度经济学的比较：继承与融合》，《经济学动态》第 12 期。

罗演广，2002，《深圳到期房地产延期问题及对策》，《中外房地产导报》第 12 期。

罗遥、吴群，2018，《城市低效工业用地研究进展——基于供给侧结构性改革的思考》，《资源科学》第 6 期。

马广奇，2001，《马克思的产权理论与西方现代产权理论的比较分析》，《云南财贸学院学报》第 2 期。

马天柱，2008，《住宅建设用地使用权期满自动续期的若干思考》，《天津商业大学学报》第 2 期。

迈克尔·赫勒，2009，《困局经济学》，闾佳译，机械工业出版社。

梅立润，2018，《中国地方政府机会主义：研究回顾与推进空间》，《学术探索》第 4 期。

聂辉华，2017，《契约理论的起源、发展和分歧》，《经济社会体制比较》第1期。

聂辉华，2008，《制度均衡：一个博弈论的视角》，《管理世界》第8期。

聂家荣、李贵才、刘青，2015，《基于认知权利理论的土地权益分配模式变迁研究——以深圳市原农村集体土地为例》，《现代城市研究》第4期。

牛立夫，2012，《论我国住宅建设用地使用权的附条件有偿续期》，《海南大学学报》（人文社会科学版）第6期。

欧阳康，2002，《社会认识论——人类社会自我认识之谜的哲学探索》，云南人民出版社。

彭聃龄，2019，《普通心理学（第5版）》，北京师范大学出版社。

彭雪辉，2015，《论城市土地使用规划制度的产权规则本质》，《城市发展研究》第7期。

齐援军，2004，《我国土地管理制度改革的回顾与前瞻》，《经济研究参考》第13期。

青木昌彦、奥野正宽、冈崎哲二，2002，《市场的作用国家的作用》，林家彬等译，中国发展出版社。

青木昌彦，2001，《比较制度分析》，周黎安译，上海远东出版社。

卿志琼，2006，《有限理性、心智成本与经济秩序》，经济科学出版社。

瞿忠琼、王晨哲、高路，2018，《基于节地原则的城镇低效工业用地宗地评价——以江苏省泰州市海陵区为例》，《中国土地科学》第11期。

全国人大常委会法制工作委员会民法室，2007，《〈中华人民共和国物权法〉条文说明、立法理由及相关规定》，北京大学出版社。

桑劲，2011，《西方城市规划中的交易成本与产权治理研究综述》，《城市规划学刊》第1期。

深圳市规划国土发展研究中心，2019，《深圳市土地资源》，科学出版社。

深圳市规划国土局，1995，《报送〈关于修改《深圳经济特区土地使用权出让条例》有关土地使用权出让最高年期的建议（代拟稿）〉的报告》（深规土〔1995〕354号）。

深圳市规划和自然资源局，2016，《深圳市工业及其他产业用地供应管理办法》11月8日。

深圳市规划和自然资源局，2019a，《关于深入推进城市更新工作促进城市高质量发展的若干措施》6月11日。
深圳市规划和自然资源局，2019b，《深圳打出土地政策“组合拳”》，6月26日。
深圳市规划和自然资源局，2019c，《深圳市扶持实体经济发展促进产业用地节约集约利用管理规定》5月29日。
深圳市规划和自然资源局，2019d，《深圳市已批未建土地处置专项行动方案》8月5日。
深圳市规划和自然资源局，2023，《深圳市闲置土地信息公开汇总表》3月22日。
深圳市人民政府办公厅，2019，《深圳市地价测算规则》10月17日。
深圳市统计局、国家统计局深圳调查队，2019，《深圳统计年鉴2019》，中国统计出版社。
沈开举、方涧，2016，《住宅建设用地使用权续期问题的法律解释困境与出路》，《中州学刊》第7期。
沈荣华、王扩建，2011，《制度变迁中地方核心行动者的行动空间拓展与行为异化》，《南京师大学报》（社会科学版）第1期。
盛洪，2009，《现代新制度经济学（上卷）》，中国发展出版社。
石冠彬，2017，《住宅建设用地使用权续期制度的宏观构建》，《云南社会科学》第2期。
石崧、宁越敏，2005，《人文地理学“空间”内涵的演进》，《地理科学》第3期。
斯拉恩·埃格特森，2004，《经济行为与制度》，吴经邦等译，商务印书馆。
宋炳华，2011，《住宅建设用地使用权续期之法理分析及完善路径》，《国土资源情报》第8期。
宋志红，2007a，《国有土地使用权出让合同的法律性质与法律适用探讨》，《法学杂志》第2期。
宋志红，2007b，《民事合同抑或行政合同——论国有土地使用权出让合同的纯化》，《中国土地科学》第3期。
苏志强，2013，《产权理论发展史》，经济科学出版社。
孙良国，2016，《住宅建设用地使用权自动续期的前提问题》，《法学》第10期。

孙施文，1999，《规划的本质意义及其困境》，《城市规划汇刊》第2期。

孙宪忠，2016，《为什么住宅土地期满应无条件续期》，《经济参考报》4月25日，第8版。

谭荣、曲福田，2010，《中国农地发展权之路：治理结构改革代替产权结构改革》，《管理世界》第6期。

汪天文，2004，《社会时间研究》，中国社会科学出版社。

王利明，2017，《住宅建设用地使用权自动续期规则》，《清华法学》第2期。

王林清，2018，《国有建设用地使用权出让合同性质辨析》，《现代法学》第3期。

王万茂，2013，《中国土地管理制度：现状、问题及改革》，《南京农业大学学报》（社会科学版）第4期。

王晓磊，2010，《社会空间论》，博士学位论文，华中科技大学。

王勇、李广斌，2011，《苏南农村土地制度变迁及其居住空间转型——以苏州为例》，《城市发展研究》第4期。

韦森，2003，《哈耶克式自发制度生成论的博弈论诠释——评肖特的〈社会制度的经济理论〉》，《中国社会科学》第6期。

魏开、许学强，2009，《城市空间生产批判——新马克思主义空间研究范式述评》，《城市问题》第4期。

吴传钧，1991，《论地理学的研究核心——人地关系地域系统》，《经济地理》第3期。

吴宣恭，1999，《马克思主义产权理论与西方现代产权理论比较》，《经济学动态》第1期。

吴易风，2007，《产权理论：马克思和科斯的比较》，《中国社会科学》第2期。

熊佳，2007，《企业员工组织心理所有权结构及其相关研究》，硕士学位论文，暨南大学。

徐强，2019，《深圳存量产业用地“提容增效”，可增加1.6亿平方米产业空间》，《深圳特区报》5月22日。

徐先友，2009，《青岛住宅土地使用权续期的标本意义》，《中华民居》第4期。

徐艳梅，2001，《企业寿命的行业因素分析》，《学习与探索》第1期。
杨广亮，2019，《政企关系影响土地出让价格吗?》，《经济学》（季刊）第1期。
杨科雄，2017，《国有土地使用权出让合同属于行政协议》，《人民法院报》2月8日。
杨立新，2016，《70年期满自动续期后的住宅建设用地使用权》，《东方法学》第4期。
杨奇才，2017，《马克思产权经济学的理论框架——基于“诺思评价”的逻辑》，《西华师范大学学报》（哲学社会科学版）第3期。
杨世梅，2006，《论土地改革对于中国共产党的意义》，《前沿》第11期。
杨天波、江国华，2011，《宪法中土地制度的历史变迁（1949—2010）——基于宪法文本的分析》，《时代法学》第1期。
杨宇立，2007，《转型期政企关系演进与社会和谐：背景与前景分析》，《南京社会科学》第7期。
姚华松、许学强、薛德升，2010，《人文地理学研究中对空间的再认识》，《人文地理》第2期。
叶超，2012，《人文地理学空间思想的几次重大转折》，《人文地理》第5期。
叶剑平、成立，2016，《对土地使用权续期问题的思考》，《中国土地》第5期。
于鸿君，1996，《产权与产权的起源——马克思主义产权理论与西方产权理论比较研究》，《马克思主义研究》第6期。
袁庆明，2014，《新制度经济学教程（第2版）》，中国发展出版社。
袁志锋，2013，《城市住宅建设用地使用权期满自动续期初探》，《中国地质大学学报》（社会科学版）第S1期。
约翰·N. 德勒巴克、约翰·V. C. 奈，2003，《新制度经济学前沿》，张宇燕译，经济科学出版社。
约翰·伊特韦尔等，1996，《新帕尔格雷夫经济学大辞典（第二卷）》，经济科学出版社。
约拉姆·巴泽尔，2017，《产权的经济分析（第二版）》，费方域、段毅才、钱敏译，格致出版社、上海三联出版社、上海人民出版社。

张汉，2014，《“地方发展型政府”抑或“地方企业家型政府”？——对中国地方政企关系与地方政府行为模式的研究述评》，《公共行政评论》第3期。

张鸿，2005，《企业寿命问题研究》，《商业研究》第16期。

张京祥、胡毅、赵晨，2013，《住房制度变迁驱动下的中国城市住区空间演化》，《上海城市规划》第5期。

张京祥、吴缚龙、马润潮，2008，《体制转型与中国城市空间重构——建立一种空间演化的制度分析框架》，《城市规划》第6期。

张静，2003，《土地使用规则的不确定：一个解释框架》，《中国社会科学》第1期。

张力、庞伟伟，2016，《住宅建设用地使用权续期规则相关问题探析》，《法学》第7期。

张晓玲、詹运洲、蔡玉梅、左玉强，2011，《土地制度与政策：城市发展的重要助推器——对中国城市化发展实践的观察与思考》，《城市规划学刊》第1期。

张雄、万迪昉，2009，《全球化背景下的金融产品创新及其风险防范问题探讨——基于不完全契约理论视角》，《外国经济与管理》第10期。

张应祥、蔡禾，2006，《新马克思主义城市理论述评》，《学术研究》第3期。

张咏梅，2013，《政府—企业关系中的权力、依赖与动态均衡——基于资源依赖理论的分析》，《兰州学刊》第7期。

张泽一，2008，《马克思经济学与西方经济学产权理论比较研究》，《经济纵横》第5期。

章华，2005，《认知模式与制度演化分析》，《浙江社会科学》第4期。

赵燕菁，2009，《城市的制度原型》，《城市规划》第10期。

赵燕菁，2014，《土地财政：历史、逻辑与抉择》，《城市发展研究》第1期。

赵燕菁，2019，《为什么说“土地财政”是“伟大的制度创新”?》，《城市发展研究》第4期。

赵燕菁，2005a，《制度经济学视角下的城市规划（上）》，《城市规划》第6期。

赵燕菁，2005b，《制度经济学视角下的城市规划（下）》，《城市规划》第7期。

赵燕菁，2013，《正确评价土地财政的功过》，《北京规划建设》第3期。

周耀东，2004，《合约理论的分析方法和基本思路》，《制度经济学研究》第2期。

周颖杰，2005，《我国企业的寿命及影响因素分析》，《商场现代化》第20期。

朱沆、刘舒颖，2011，《心理所有权前沿研究述评》，《管理学报》第5期。

庄嘉，2016，《温州“天价续期”的现实窘境》，《检察风云》第11期。

庄友刚，2012，《何谓空间生产？——关于空间生产问题的历史唯物主义分析》，《南京社会科学》第5期。

邹兵，2001，《渐进式改革与中国的城市化》，《城市规划》第6期。

邹兵，2013，《增量规划、存量规划与政策规划》，《城市规划》第2期。

Amin, Ash. 1999. "An Institutionalist Perspective on Regional Economic Development." *International Journal of Urban and Regional Research* 23 (2): 365-378.

Avey, James B., Avolio, Bruce, Crossley, Craig and Luthans, Fred. 2009. "Psychological Ownership: Theoretical Extensions, Measurement, and Relation to Work Outcomes." *Journal of Organizational Behavior* 30: 173-191.

Barzel, Yoram. 1997. *Economic Analysis of Property Rights*. Cambridge: Cambridge University Press.

Bourassa, Steven C. and Hong, Yu-Hung. 2003. *Leasing Public Land: Policy Debate and International Experiences*. Cambridge: Lincoln Institute of Land Policy.

Brehm, Joan M., Eisenhauer, Brian W. and Stedman, Richard C.. 2013. "Environmental Concern: Examining the Role of Place Meaning and Place Attachment." *Society and Natural Resources* 26 (5): 522-538.

Capozza, Dennis R. and Sick, Gordon A.. 1991. "Valuing Long-Term Leases: The Option to Redevelop." *The Journal of Real Estate Finance and Economics* 4 (2): 209-223.

Dale-Johnson, David. 1998. "Long Term Ground Leases and the Redevelopment

Option the Case of Transition Economies." ERES eres1998_112, European Real Estate Society (ERES).

Dale-Johnson, David and Brzeski, W.. 2000. "Long-Term Public Leaseholds in Poland: Implications of Contractual Incentives." Working Paper 8646, USC Lusk Center for Real Estate.

Dale-Johnson, David. 2001. "Long-Term Ground Leases, the Redevelopment Option and Contract Incentives." *Real Estate Economics* 29 (3): 451-484.

Dawkins, Sarah, Tian, Amy Wei, Newman, Alexander and Martin, Angela. 2015. "Psychological Ownership: A Review and Research Agenda." *Journal of Organizational Behavior* 38 (2): 163-183.

Deng, Feng. 2000. "Leasehold, Ownership, and Urban Land Use." PhD diss., University of Southern California.

Deng, F. Frederic. 2005. "Public Land Leasing and the Changing Roles of Local Government in Urban China." *The Annals of Regional Science* 39: 353-373.

Dyne, Linn Van and Pierce, Jon L.. 2004. "Psychological Ownership and Feelings of Possession: Three Field Studies Predicting Employee Attitudes and Organizational Citizenship Behavior." *Journal of Organizational Behavior* 254: 439-459.

Furubotn, Eirik G. and Pejovich, Svetozar. 1972. "Property Rights and Economic Theory: A Survey of Recent Literature." *Journal of Economic Literature* 10 (4): 1137-1162.

Furubotn, Eirik G. and Richter, Rudolf. 2010. *Institutions and Economic Theory: The Contribution of the New Institutional Economics*, *2nd ed.* The University of Michigan Press.

Furubotn, Eirik G.. 1987. "Privatizing the Commons: Comment." *Southern Economic Journal* 54 (1): 219-224.

Gautier, Pieter A. and Vuuren, Aico van. 2019. "The Effect of Land Lease on House Prices." *Journal of Housing Economics* 46: 1-11.

Gilbert, Anne. 1988. "The New Regional Geographyin English and French Speaking Countries." *Progress in Human Geography* 12: 208-228.

Hart, Oliver and Moore, John. 2008. "Contracts as Reference Points." *Quarter-*

ly Journal of Economics 123 (1): 1 -48.

Harvey, David. 2008. "Space as a Keyword." Paper for Max and Philosophy Conference, 29 May.

Harvey Jack and Jowsey, Ernie. 2004. *Urban Land Economics.* Palgrave MacMillan, Basingstoke.

Herbert, J. R. and Irene, S. R.. 1995. *Qualitative Interviewing: The Art of Hearing Data.* Thousand Oaks, CA: Sage Publications.

Hong, Yu-Hung. 1998. "Transaction Costs of Allocating Increased Land Value Under Public Leasehold Systems: Hong Kong." *Urban Studies* 359: 1577 - 1595.

Jensen, Michael C. and Meckling, William H.. 1976. "Theory of the Firm: Managerial Behavior, Agency Costs and Ownership Structure." *Journal of Financial Economics* 3 (4): 305 -360.

Jussila, Iiro and Tuominen, Pasi. 2010. "Exploring the Consumer Cooperative Relationship with Their Members: An Individual Psychological Perspective on Ownership." *International Journal of Co-operative Management* 5: 23 -33.

Jussila, Iiro, Tarkiainen, Anssi, Sarstedt, Marko and Hair, Joseph F.. 2015. "Individual Psychological Ownership: Concepts, Evidence, and Implications for Research in Marketing." *Journal of Marketing Theory and Practice* 23: 121 -139.

Lefebvre, Henri. 1992. *The Production of Space.* Wiley-Blackwell.

Liu Yong, Fa, Peilein, Yue, Wenze and Song, Yan. 2018. "Impacts of Land Finance on Urban Sprawl in China: The Case of Chongqing." *Land Use Policy* 72: 420 -432.

Liu, Yong, Yue, Wenze, Fan, Peilei and Song, Yan. 2015. "Suburban Residential Development in the Era of Market-Oriented Land Reform: The Case of Hangzhou, China." *Land Use Policy* 42: 233 -243.

Long, Hualou. 2014. "Land Use Policy in China: Introduction." *Land Use Policy* 40: 1 -5.

Matilainen, A., Pohja-Mykrä, M., Lähdesmäki, M. and Kurki, S.. 2017. "I Feel It Is Mine! —Psychological Ownership in Relation to Natural Resources."

Journal of Environmental Psychology 51: 31 -45.

Matveeva, Maria and Kholodova, Olga. 2018. "Comprehensive Description of the Matter of Land Lease." MATEC Web of Conferences.

Meyer, John P. and Allen, Natalie J.. 1991. "A Three-Component Conceptualization of Organizational Commitment." *Human Resource Management Review* 1: 61 -89.

Ostrom, Elinor. 2000. "Collective Action and the Evolution of Social Norms." *Journal of Economic Perspectives* 14 (4): 235 -252.

Peterson, George E.. 2006. "Land Leasing and Land Sale as an Infrastructure-Financing Option." No 4043, Policy Research Working Paper Series, The World Bank.

Pierce, Jon L. and Jussila, Iiro. 2010. "Collective Psychological Ownership Within the Work and Organizational Context: Construct Introduction and Elaboration." *Journal of Organizational Behavior* 31 (6): 810 -834.

Pierce, Jon L. and Jussila, Iiro. 2011. *Psychological Ownership and the Organizational Context: Theory, Research Evidence, and Application.* Edward Elgar Publishing Limited

Pierce, Jon L., Jussila, Iiro and Cummings, Anne. 2009. "Psychological Ownership Within the Job Design Context: Revision of the Job Characteristics Model." *Journal of Organizational Behavior* 304: 477 -496.

Pierce, Jon L., Kostova, Tatiana and Dirks, Kurt T.. 2001. "Toward a Theory of Psychological Ownership in Organizations." *Academy of Management Review* 26: 298 -310.

Pierce, Jon L., Rubenfeld, Stephen A. and Morgan, Susan. 1991. "Employee Ownership: A Conceptual Model of Process and Effects." *Academy of Management Review* 16 (1): 121 -144.

Porteous, J. Douglas. 1976. "Home: The territorial Core." *Geographical Review* 66: 383 -390.

Quaini, Massimo. 1982. *Geography and Marxism.* Basil Blackwell Publisher Limited.

Qu, Weidong and Liu, Xiaolong. 2012. "Assessing the Performance of Chinese Land Lease Auctions: Evidence from Beijing." *Journal of Real Estate Re-*

search 34 (3): 291 - 310.

Rantanen, Noora and Jussila, Iiro. 2011. "F-CPO: A Collective Psychological Ownership Approach to Capturing Realized Family Influence on Business." *Journal of Family Business Strategy* 2 (3): 139 - 150.

Schmid, A. Allan. 2008. *Conflict and Cooperation: Institutional and Behavioral Economics.* Wiley-Blackwell.

Slangen, L. H. G. and Polman, N. B. P.. 2008. "Land Lease Contracts: Properties and the Value of Bundles of Property Rights." *NJAS-Wageningen Journal of Life Sciences* 55 (4): 397 - 412.

Smith, Jordan W., Davenport, Mae A., Anderson, Dorothy H. and Leahy, Jessica E.. 2011. "Place Meanings and Desired Management Outcomes." *Landscape and Urban Planning* 1014: 359 - 370.

Stein, Gregory M.. 2017. "What Will China Do When Land Use Rights Begin to Expire?" *Vanderbilt Journal of Transnational Law* 50: 625.

Tao, Ran, Su, Fubing, Liu, Mingxing and Cao, Guangzhong. 2010. "Land Leasing and Local Public Finance in China's Regional Development: Evidence from Prefecture-level Cities." *Urban Studies* 47 (10): 2217 - 2236.

Tong, De, Wang, Zhenguo, Hong, Yu Hung, Liu, Chengming. 2019. "Assessing the Possibility of Charging for Public Leasehold Renewal in China." *Land Use Policy* 88: 104205.

Trentelman, Carla Koons. 2009. "Place Attachment and Community Attachment: A Primer Grounded in the Lived Experience of a Community Sociologist." *Society & Natural Resources* 223: 191 - 210.

Williamson, Oliver E.. 1997. *The Mechanisms of Governance.* Oxford University Press.

Wu, Yuzhe, Mo, Zhibin and Peng, Yi. 2017. "Renewal of Land-Use Term for Urbanization in China: Sword of Damocles or Noah's Ark?" *Land Use Policy* 65: 238 - 248.

Xu Nannan. 2019. "What Gave Rise to China's Land Finance?" *Land Use Policy* 87, 10401.

附录 A

合约视角下制度缺陷及摩擦对空间效率的影响研究*

1. 引言

中国的城市化是在独具特色的渐进式改革模式和发展道路的背景下展开的（邹兵，2001），空间演变与体制的逐步转型、土地及规划等制度的渐进式改革密切相关。改革开放以来，国土空间管理和规划体系不断完善，表现出了渐进式改革的诸多特征：制度逐步完善，早期制度存在漏洞；先试点后推广，导致地方制度与国家制度不一致；增量改革、双轨运行，统一规制中摩擦不断；局部突破、层次递进，制度调性不够；经济改革先行，政治改革滞后（卢现祥，1998，1999；樊纲，1994；李文震，2001）。虽然渐进式改革过程中空间效益不断提升（叶涛、史培军，2007），但在制度缺陷和摩擦影响下也形成了诸多产权不清、低效利用的城市空间。渐进式改革路径如何造成空间的低效利用、为何长期难以解决等问题急需予以回答。改革本质上是对权利结构的调整，空间的演化是产权调整和交易的过程，该视角下前述问题变为：在渐进式改革路径下，制度缺陷和摩擦如何影响空间产权的交易、形成了什么后果，不同主体对空间权利如何认知、如何博弈等问题。

基于制度转型的城市空间结构研究已成为探索城市空间演变内在动力机制的重要方向（殷洁等，2005），但以制度的空间效益分析为重，主要集

---

* 本文最早发表于《地域研究与开发》2019 年第 6 期；收入本书时做了修改。

中在制度对土地经济价值实现、集约节约利用水平、结构形态及布局合理性的影响方面，对微观层面的发生机制尚未深入讨论。此外，空间生产是一个动态的过程，渐进式改革过程中制度缺陷及相互摩擦对空间演变的影响需放置在动态过程中去研究其微观的发生机制；空间交易主体的特征、关系结构等也需纳入统一动态过程中予以研究。

本书引入制度经济学合约理论，构建空间交易的分析框架，并以深圳市企业代征地历史遗留问题为例，在案例调查基础上，分析其形成过程及发生机制，重点探讨渐进式改革的各种特征对空间交易合约结构、交易费用、产权状态及利用状态等方面的影响。研究梳理出了三种影响机制，并表明渐进式改革路径下制度缺陷和摩擦造成了法律意义上产权的模糊，并导致空间效率损失，但权利人对产权的认知未发生根本性变化，并以此为依据进行长期对峙和博弈，问题的解决需在法定权利和认知权利的重合地带进一步协调。

2. 分析框架

制度经济学是研究地理空间变化的重要手段，现有研究主要是在交易费用视角下，探索宏观分析框架（张京祥等，2008）、规划制度特征（邹兵，2013；赵燕菁，2005a）、城市制度原型（邹兵，2013；赵燕菁，2005b；焦永利、叶裕民，2015）等宏观问题，微观层面分析依然不足。宏观分析范式未以真实的空间交易为分析对象，未能将产权及合约分析框架有机地引入地理空间研究，难以将制度的内在动力、信息问题、组织效率、治理结构等纳入空间分析范畴。

空间是物质与权利的耦合体，空间生产是附着于空间上的权利关系的一系列交易。这种紧密的耦合关系，是制度－空间分析的关键。制度经济学是围绕经济产权的界定、交易而展开的（江泓，2015），广义上一切制度都是节省产权交易费用的工具。抛开对权利关系的分析，就无法洞悉空间生产过程的经济本质。因此进行空间生产的制度经济学分析必须将产权引入分析模式中，形成“制度变迁－产权变化－空间响应”的分析范式，以产权为纽带，整合制度与空间分析，以真实案例和合约为对象，分析空间生产中的交易费用、组织特征、治理结构等关键因素，探索发生机制和问题产生的根源。

合约理论是现代制度经济学分析的基本方法，以信息不完全和人的有限理性为基本假定，研究合约的设计及执行过程（周耀东，2004）。本书基于前述分析范式，以空间合约的设计和执行过程为对象，着重分析对低效历史遗留用地发挥决定性作用的制度变量，具体包括：①制度环境对合约结构的影响，主要是分析特殊制度环境影响下合约的结构、合约主体的行为特征及合约治理措施的缺陷；②制度缺陷及摩擦对合约履行过程的影响，主要是研究制度环境及制度摩擦对合约的作用机制及交易费用的来源；③履约过程中各方的博弈策略、均衡状态及其效率。本书案例分析框架如附图 A.1 所示。

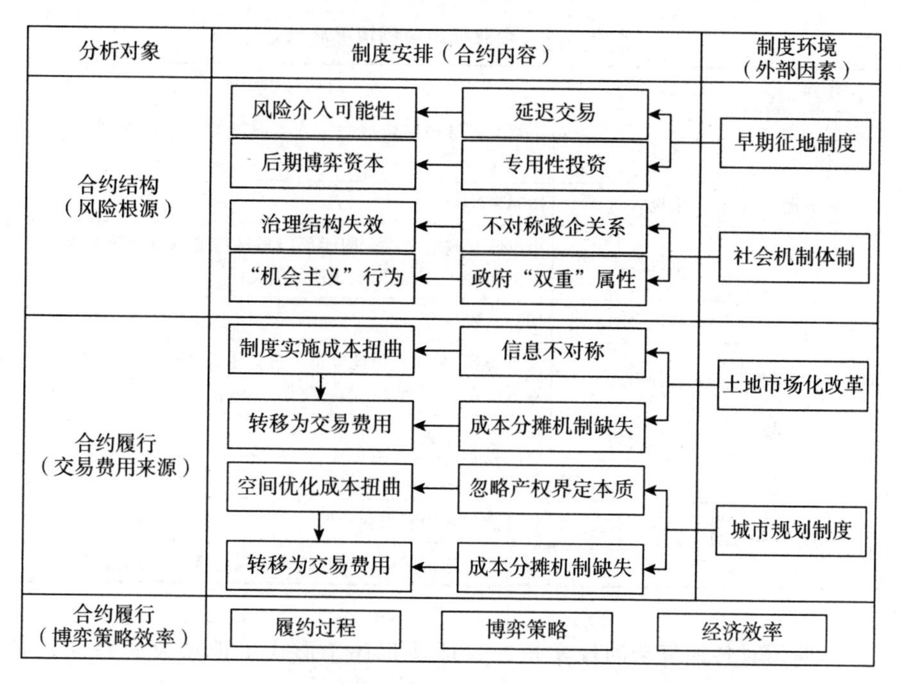

附图 A.1　基于合约理论的企业代征地历史遗留问题分析框架

3. 深圳市企业代征地问题分析

3.1　企业代征地的背景及模式

深圳从特区成立至 1992 年原特区内统一征地期间，依据 1982 年《国家建设征用土地条例》由企业代为征地，原特区外则延续到2004年。一般由企业完成与村集体协商、征地补偿等程序，最后办理土地手续。该模式是政府出面、企业出钱、集体出地，政府避免了支付高额补偿款、获得土地所有权以及企业发展带来的税收收入，集体获得补偿款和未来发展机会，企业获得土地使用权。程序上，企业申请用地后，市/区政府选址并核定用地面积后下发批复，企业依据用地批复进行征地，结束之后再签订出让合同。在实际操作中各区在征地程序、审批部门及形式、协议签署方式及内容等方面存在一定的差异（见附表A.1）。此外，存在行政审批越权、补偿不到位等问题。

附表 A.1　企业征地案例情况总结

环节	内容	具体操作安排
用地审批	审批部门	市政府、区用地联审会、县政府征地办、市规划国土局、县国土局
	审批时间	1984～2000年
	审批形式	市/区/县政府文件；职能部门根据用地联审会审批结果下发的文件；区/县国土管理部门文件
征地拆迁补偿	征地时间	1983～1998年
	协议形式	三方协议/合同：用地单位、村集体、政府 双方协议：用地单位与村集体、政府与村集体
	拆迁补偿	征地企业完成
用地手续办理	划拨	权属证明文件：行政批复、红线图、征地协议
	协议出让	签订土地使用权出让合同
	未办理	成为历史遗留问题：征地纠纷、规划修编、政策变迁

早期面对各地复杂的现实情况，征地程序、形式出现较大的差别是必然的，然而，一旦用地手续无法及时办理，这种不规范就会成为解决代征地问题的障碍。根据深圳各区的调研及6个典型案例，企业征地至今未能办理用地手续的直接原因是规划用途发生变化和国有土地出让制度变迁导致无法采取协议出让方式完成用地手续，反映出渐进式改革路径对空间效率的重要影响。

3.2　合约结构：代征地合约的性质、风险根源及主体特征

3.2.1　基于不对称政企关系的“关系性合约”

尽管企业征地协议的内容、形式有差异，但本质上形成了政府、企业、村集体三方合约关系（见附表 A.2）。①权利转移：国家获得所有权、企业获得使用权、村集体获得补偿款，该条款内容根据《国家建设征用土地条例》第五条规定“征用的土地，所有权属于国家，用地单位只有使用权”制定。②行为顺序：根据《国家建设征用土地条例》等相关法律法规，企业征地主要包括征地拆迁补偿和用地手续办理两个环节，有先后顺序，且有不确定的时间差。③约束条件：在企业征地过程中，各方受到国家法律法规和合约条款的约束。在合约顺利执行的情况下，就能完成土地所有权和使用权的转移，形成三方共赢的局面。企业征地合约的结构内生于当时的政策安排与制度环境，其中权利转移、行为顺序以及约束条件都与制度环境有极大关联。

附表 A.2　企业征地合约的主要内容

主体	收益	付出	行为约束
政府	土地所有权； 税收收入	无	外部约束：受国家法律约束 合约约束：给企业办理用地手续
企业	土地使用权	支付征地费用	外部约束：相关法律法规 合约约束：支付征地补偿款
村集体	征地补偿安置及费用	土地所有权和使用权	合约约束：出让 土地所有权、使用权

企业征地合约是一种基于不对称政企关系的“关系性合约”，其原始安排只是实现了政企之间的局部均衡。当外部因素导致交易费用增加时，均衡便被打破，政府会面临约束，企业则通过合法外的合理途径来实现合约均衡（见附图 A.2）。

3.2.2　不完全合约及风险根源

企业征地合约是不完全的。对于企业征地合约而言，当时制度环境不够完善，政府和企业都缺乏实践经验，也无法完全预测未来发生的事情，导致在合约签订过程中无法详细拟定违约条款。另外，由于协议不规范，

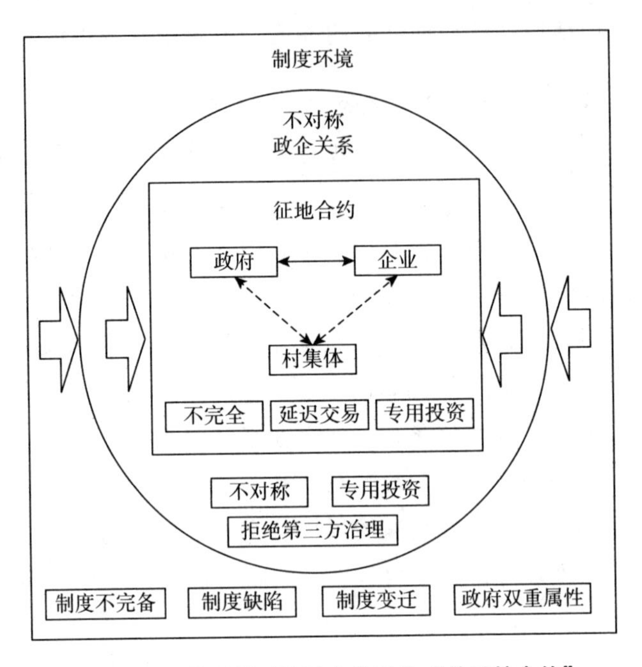

附图 A.2　基于不对称政企关系的“关系性合约”

模糊的语言也会导致合约的不完全（袁庆明，2014）。如在某企业征地三方合同中对政府义务用“政府有义务帮助企业办理用地手续”条款概括，很难认定政府是否违约。

延迟交易及专用投资的存在是企业征地合约的风险根源。企业征地过程是由相对比较严格的程序规定的，即合约的行为顺序有严格的约定：企业征地并支付征地补偿款在先，获得土地使用权在后。这种合约形成与最终履约之间的“时间间隔”是产生经济问题的重要原因（Furubotn and Richter，2010），在此期间可能发生宏观政策变化、政府换届、规划修编等。企业在获得土地使用权之前已投入大量的人力及资金，即产生了交易专用投资，使得企业处于劣势的一方，也使得政府机会主义行为的出现成为可能。

3.2.3　不对称“政企关系”导致治理结构失效

签约主体的性质导致一般性治理结构失效。渐进式改革过程中，经济改革先行，政治改革滞后（卢现祥，1999），强势政府、双重身份的特征贯穿于渐进式改革，政府与市场边界尚未厘清，政企关系也不均衡。不对称的政企关系对市场行为产生重要影响。在企业征地合约中，政府并非常规的市场主体，商业信誉无法成为制约政府行为的有效因素，市场机制在企业征地合约不能履行时无法发挥有效作用。此外，政府是国有土地资源垄断方，政企之间无法形成基于市场机制的双边关系，"退出"机制也不再是约束政府行为的有效手段。

在此情形下，基于制度因素的不对称政企关系成为影响合约履行的关键因素。法律赋予了政府垄断土地资源及行政资源的权力，使其成为唯一的土地及政策供应方。对于企业而言，要获得发展用地及优惠政策，唯有依赖政府；对政府而言，虽然也依赖企业提供税收并解决就业问题，但特定的企业并非不可替代。在这种不对称的依赖关系结构中，企业对政府的依赖程度远远高于政府对企业的依赖，使得企业处于被动状态，也导致企业进行政企关系维护（张咏梅，2013）。在这种不对称关系结构下，企业对政企关系的投资同征地过程中投入的人力与财力一样，成为履约风险的重要来源。为了维护与政府的良好关系，在合约无法执行时，企业不再选择诉诸司法途径（第三方治理），导致合约治理手段失效（即合约失灵）。司法途径意味着长期维持的政企关系的破裂，而这种关系对于企业长远的发展以及顺利解决征地历史遗留问题至关重要。

3.2.4 政府行为与企业的实际占有

地方政府是土地资源的管理机构，也是征地合约的缔约方之一，具有双重身份，即"政府人"和"经济人"（李俊丽，2008）。这种双重身份也直接导致了地方政府行为的双重特征：①作为"政府人"，其行为受国家法律法规、中央及上级政府的严格约束，国家层面的制度变迁、上级命令都会导致地方政府行为发生变化；②作为征地合约的最大获益者的"经济人"，其有强烈的经济发展愿望，虽然其行为也受到征地合约的约束（在非正式场合认可企业历史投入理应获得土地使用权），但其主要目标是实现利益最大化，因此当面临其他利益最大化选择时，其行为也可能不再受合约约束。

双重身份决定着地方政府行为变化的最基本特征，除此之外也反映出合约对地方政府行为约束的无力。这种无力主要源于：①政府换届引发的问题，由于企业征地行为时间跨度较长，一旦中间政府换届，后一届政府就有可能丧失积极处理征地问题的动力；②追责机制不明确，我国对于政府违约尚未建立完善的追责机制，主要是领导终身问责制一直未能建立，合约丧失了对地方政府的约束力；③合约不完全性导致的责任主体不明。

虽然签约主体的性质及不对称政企关系导致常规治理手段失效，企业既无法通过市场的方式也很少诉诸司法途径来解决争端，但企业也拒绝终止合约。经过数十年的演变，企业在征地过程中的巨大投入及其机会成本很难量化，此外在市场化改革的过程中，深圳市土地资源价值不断显现，企业对获得土地使用权后的收益预期越来越高。在此情况下，企业转而选择实际占有所征土地，并耗费大量的人力物力与政府沟通协调，寄希望于特殊方案的通过或新政策的出台。由于政府因为合约未能履行而在隐性政企关系中成为道义上的劣势方，对于强制收地的后果也很难预料，所以这种事实上的占有行为只要不发生大的违法建设等情形，政府很难有充分的理由反对。

3.3 合约履行：交易费用剧增及博弈策略

企业征地不同阶段的时间间隔是产生经济问题的重要原因，在此期间内外部环境的变化有可能使交易费用增加。

3.3.1 制度变迁成本的转移

我国土地资源的市场化改革呈现典型的渐进式市场化改革特征（彭雪辉，2015）。国家授权深圳等城市先行尝试，总结经验后再在全国推广。然而往往一部分改革无法在全国推广，造成试点地区和城市规定与后期国家出台规定不统一（卢现祥，1999）。此外，增量改革是在保留旧体制的基础上，给予新体制实验空间，新体制成熟后完成新旧体制的并轨（卢现祥，1999），新旧体制在过渡过程中的摩擦会产生新的无效率（樊纲，1994）。

2002 年国土资源部出台《招标拍卖挂牌出让国有土地使用权规定》，2004 年 3 月《关于继续开展经营性土地使用权招标拍卖挂牌出让情况执法监察工作的通知》对 2002 年 7 月 1 日之前已完成前置审批的划拨或协议出让的经营性用地限期进行处理，要求“在 2004 年 8 月 31 日前将历史遗留问题界定并处理完毕”。该通知发布后，部分未办理用地出让手续的企业代征地申请进行处理，然而因为规划不符等未能办理；部分则未申请办理。此后，无论规划是否相符，地方政府都以不符合政策为由拒绝办理用地手续。

就征地合约而言，土地的市场化改革使得交易费用剧增，政府无法继续履行合约。宏观来看，此类交易费用正是制度变迁的部分成本。在合约签订初期，政府履约（政府给企业办理用地手续）不存在政策性障碍；而改革使得政府在继续办理用地手续时面临极大的行政风险，因此拒绝办理。对企业而言，这种变革会对其原有预期收益产生影响，因此必然拒绝解约。在此情况下，政企双方耗费大量的人力物力进行博弈，博弈过程也导致交易费用增加。在这个过程中，行政风险直接转为合约履行的交易成本，即行政成本以交易费用的方式转嫁给企业，直接造成企业的经济损失。

根据樊纲（1993）对改革成本的分类，前述因行政风险增加的交易费用即是实施成本与摩擦成本的混合。从源头来看，这种交易费用，是在改革实施过程中，未能妥善安排已有合约关系而产生的。在新的制度实施过程中，需针对旧制度下形成的合约关系制定妥善合理的处置方案，这种方案的安排和制定本身也会产生交易费用（刘世锦，1993）。在招拍挂制度改革中，虽安排了过渡期，但事实上未能厘清权利与义务的关系。当然，在自上而下的改革路径中，对于微观层面的细节不可能有全面把握，这种“信息”不对称扭曲了新制度实施成本，导致成本分摊机制缺失，演变成行政风险，最终因成本过高而导致合约无法履行。因此，此类交易费用是改革的实施成本转换而来，主要原因是信息不对称和成本分摊机制缺失。

3.3.2 空间优化成本的转移

渐进式改革中各种制度变量改革速度不同，导致制度环境与具体安排之间不协调，也导致总体内部各种制度不能协调推进，无法保证互补性和相容性。不同部门面临不同的环境，而制度的互补性对变迁的绩效有重大影响（李文震，2001）。

我国城市土地产权制度、市场化配置制度建设步伐较快，规划在技术方法等方面取得极大进步，但在快速城市化进程中依然采用蓝图式的增量规划制度，对权属考虑不足。然而，规划也是产权界定的规则，是土地产权制度的一部分（彭雪辉，2015），现行规划体系由于忽视了产权界定的本质，忽略了空间优化引起的利益调整，扭曲了规划实施的真实成本，导致规划成本的分摊机制缺失，造成空间优化成本的外溢，即由少数个体承担空间优化的成本。这种不协调使得城市规划的变更严重影响了企业代征地合约的履行。规划的介入（以公共利益之名，为降低规划实施的成本，强行暂停或停止合约履行），对原有的合约关系产生了实质性的影响，极大地增加了合约履行的交易费用，最终导致合约延期或直接无法履行。

3.3.3 交易成本曲线及其特征

在征地程序完成之后，企业边际成本仅为所征土地的占用及管理费用，同行政风险导致的交易费用和空间优化性交易费用相比可以忽略不计。同时，在我国经济社会大变革的背景下，行政风险导致的交易费用即空间优化性交易费用虽然在短期内因政策的相对刚性而难以跨越（即短期内交易费用无穷大），然而随着时间的推移，一旦相应制度变革发生，这种交易费用就可能瞬间降到很低甚至为零，因此新的制度变革也为合约履行提供了可能性。合约的交易成本（Transaction Costs，TC）变化曲线如附图 A.3 所示，其中 $t0$ 为征地完成后的时间点，$t1$ 为制度变迁成本或空间优化成本介入的时间点，$t2$ 为当前时间点。

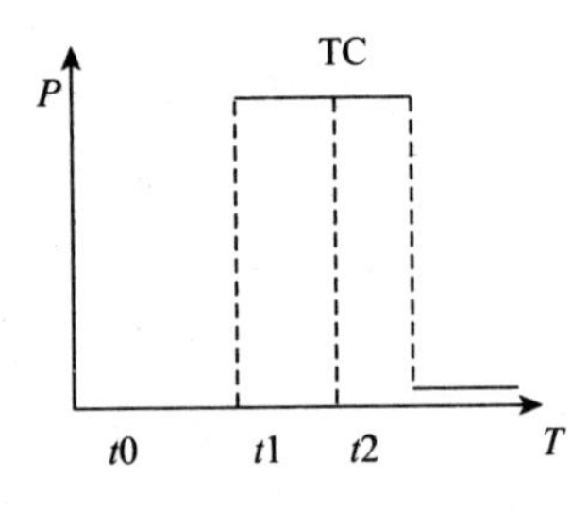

附图 A.3 交易成本变化

3.3.4 合约履行：博弈策略及经济效率

企业征地合约最优的状态是政企双方履约，合约顺利完成，此时合约经济效率最优（见附表 A.3）。然而，当外部环境变化时（见附图 A.3、附图 A.4），交易费用剧增，政府拒绝履约，在不对称政企关系中的企业在面临政府不执行合约时，只能选择事实上占有和等待，合约无法履行也导致无法达到均衡（见附表 A.3）。与此同时，随着改革开放不断深化，深圳不断创造经济奇迹，其土地价格不断攀升，所征土地租值（Land Rent，LR）不断提高（见附图 A.4），企业预期收益也日益增加（见附图 A.5）。此外，虽然短期内交易成本极大，但企业坚持土地权利归其所有，同时改革预期使得企业相信未来政策和规划障碍可以得到有效解决（见附图 A.3）。因此，未来收益及政策变化预期使得征地企业获得所征土地完整产权的决心也更加坚决。无论是何种理由，博弈本质上都是围绕土地增值收益展开的，获得了土地合法产权才能合法获得处于公共领域的土地增值收益。

附表 A.3 不同情形下的博弈策略及经济效率

博弈情形	博弈策略	博弈状态及经济效率
无外部变化	政府：执行合约 企业：执行合约	帕累托均衡
规划修编	政府：拒绝履行合约 企业：事实上占有	非帕累托均衡，造成合约方及社会损失
政策变迁	政府：无法履行合约 企业：事实上占有	非帕累托均衡，造成合约方及社会损失

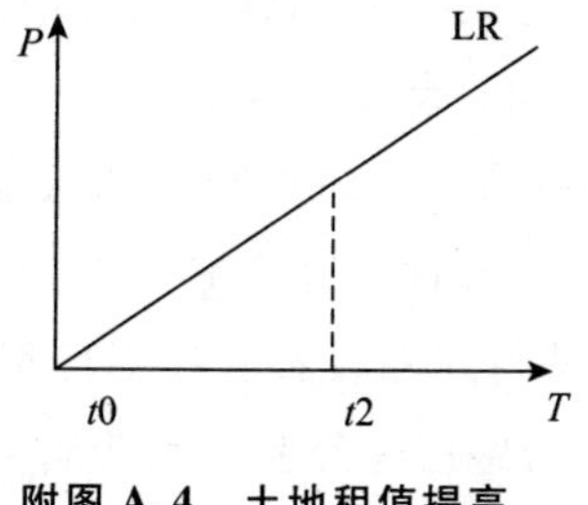

附图 A.4 土地租值提高

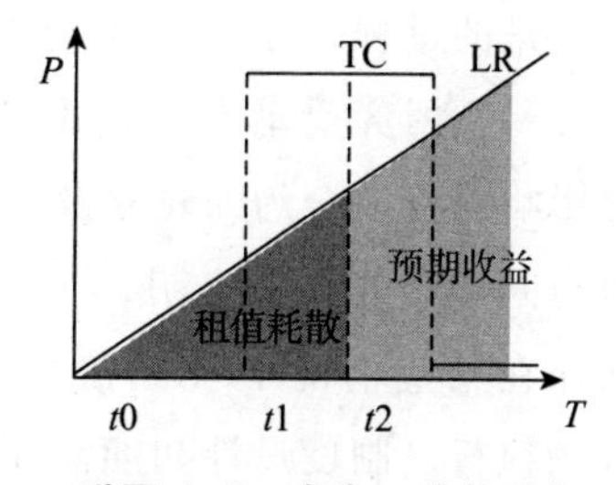

附图 A.5 成本 - 收益变化

在后两种情形下，政府无法处理，企业不愿放弃，造成事实上的土地权属不清，导致该类土地利用效率极其低下，存在长期闲置、违法利用等情况。对于企业而言，征地后一二十年无法获得土地使用权，其直接的经济损失无法估算，也丧失了诸多的发展机遇，同时为了保持对所征土地事实上的占用，还需常年投入人力物力。对于地方政府而言，一方面土地无法使用的机会成本较大，另一方面也丧失了很多税收收入。而这种资源浪费是土地资源租值的耗散（见附图 A.5），也是社会成本的一部分。

4. 结论与讨论

总结前文分析，渐进式的制度构建模式对空间效率的影响有三种：逐渐完善的制度引发的合约缺陷，包括合约内容的不完全和治理结构失效（政府双重身份、不对称政企关系是主要原因）；制度增量式调整、非协调推进和自上而下管制引起的制度摩擦及成本扭曲导致的合约交易费用增加；权利认知差异导致的长期博弈及效率损失。三种作用相互交织，使得土地产权较为模糊，空间上表现为低效或无效用地；围绕权利归属和收益分配的长期博弈过程也造成资源的极大浪费。渐进式改革中形成的问题往往原因错综复杂，各方都既有合理理由也有重要责任，这导致政府对法权的坚持和企业对产权的认知有极大差异，且二者不愿妥协，从而使得博弈无法达到均衡。承认认知权利是此类问题解决的前提，需双方在法权和认知权利重叠区域内进行妥协，形成各方认可的解决方案。

对此类问题的解决也要充分认识到空间资源的复杂性是重要原因。由于空间资源存在多种属性难以界定、增值收益难以界定、利用周期极长，且随着经济社会发展而动态变化的特征，其产权界定及制度构建必然是动态的、渐进的过程，是在适应动态特征基础上的边际调整。围绕空间开展的权利交易及博弈受动态的制度建构过程影响，制度构建特征、行为人特征等都影响着空间合约的建立及执行，并导致资源配置的扭曲和效率问题。本书对空间合约的分析表明，①空间复杂性及理性不完全必然造成制度漏洞，从而在某些情况下（如信息不对称、时间间隔较长、外部环境变化）影响合约执行。制度设计初期需充分论证并借鉴已有经验，完善制度安排。②空间开发耗时较长、不确定性较大，空间合约执行必须有稳定的治理结构来保障；合约中的不对称关系、道德风险及政府的逆向选择是影响空间生产的重要因素；要尽量确保制度结构的稳定性和连续性，缩减冗长的周期、降低不确定性。③产权并不完全是法律意义上的概念，认知权利和法定权利往往存在错位，从而导致合约方的长时间博弈；规划对产权关系的忽略，会扭曲规划成本造成履约障碍。④土地时空特征的极度复杂性导致其权利界定及交易的过程中不确定因素极多，且产权不可能得到完全的界定；经济社会发展引起的土地相对价格变化，使得预期中可攫取的处于公共领域的增值收益远远高于参与博弈的成本，这也影响产权界定及交易过程中参与者的行为。

时至今日，前述三种机制的影响依然存在，如城中村问题、出让制度引发的合约缺陷及后续利用和监管难题、规划用途变化使得建设用地无法续期而引起的冲突、土地提前收回引发的博弈等。实践中要尽量减少制度摩擦、加快空间制度融合、优化合约结构、推进政府职能转变以提高空间利用效率；对于已经形成的问题，要尊重历史，认可各方的投入和权益，避免形成长期对峙状态。理论层面，空间是物质与权利的耦合体，现有的人地关系研究和空间生产理论难以处理信息不对称、不确定性及权利认知错位等对空间演化的影响问题，以空间权利交易为对象和纽带、以合约为框架的分析范式，将产权、交易费用、交易主体等纳入完整的框架中系统考察，将制度与空间有机融合，可以系统呈现空间演化的微观制度机制，有利于分析利益主体的行为特征、交易费用来源等，也能呈现信息不对称等要素对空间演化的影响。

参考文献

樊纲，1994，《渐进与激进：制度变革的若干理论问题》，《经济学动态》第9期。

樊纲，1993，《两种改革成本与两种改革方式》，《经济研究》第1期。

江泓，2015，《交易成本、产权配置与城市空间形态演变——基于新制度经济学视角的分析》，《城市规划学刊》第6期。

焦永利、叶裕民，2015，《论城市的合约性质》，《中国人民大学学报》第1期。

李俊丽，2008，《城市土地出让中的地方政府经济行为研究》，博士学位论文，西南财经大学。

李文震，2001，《论制度结构及其互补性对制度变迁绩效的影响》，《湖北大学学报》（哲学社会科学版）第3期。

刘世锦，1993，《经济体制创新的条件、过程和成本——兼论中国经济改革的若干问题》，《经济研究》第3期。

卢现祥，1999，《市场化改革的路径选择：激进式改革与渐进式改革的比较》，《山东经济》第1期。

卢现祥，1998，《我国的渐进式改革及其寻租问题》，《中南财经大学学报》第5期。

彭雪辉，2015，《论城市土地使用规划制度的产权规则本质》，《城市发展研究》第7期。

叶涛、史培军，2007，《从深圳经济特区透视中国土地政策改革对土地利用效率与经济效益的影响》，《自然资源学报》第3期。

殷洁、张京祥、罗小龙，2005，《基于制度转型的中国城市空间结构研究初探》，《人文地理》第3期。

袁庆明，2014，《新制度经济学教程（第2版）》，中国发展出版社。

张京祥、吴缚龙、马润潮，2008，《体制转型与中国城市空间重构——建立一种空间演化的制度分析框架》，《城市规划》第6期。

张咏梅，2013，《政府—企业关系中的权力、依赖与动态均衡——基于资源依赖理论的分析》，《兰州学刊》第7期。

赵燕菁，2005a，《制度经济学视角下的城市规划（上）》，《城市规划》第6期。

赵燕菁，2005b，《制度经济学视角下的城市规划（下）》，《城市规划》第7期。

周耀东，2004，《合约理论的分析方法和基本思路》，《制度经济学研究》第2期。

邹兵，2001，《渐进式改革与中国的城市化》，《城市规划》第6期。

邹兵，2013，《增量规划、存量规划与政策规划》，《城市规划》第2期。

Furubotn, Eirik G. and Richter, Rudolf. 2010. *Institutions and Economic Theory: The Contribution of the New Institutional Economics, 2nd ed.* The University of Michigan Press.

附录 B

马克思的产权理论与制度经济学产权理论的比较与融合

产权制度改革是全面深化改革的重要内容，2013 年 11 月 12 日党的十八届三中全会通过的《中共中央关于全面深化改革若干重大问题的决定》，明确要求健全归属清晰、权责明确、保护严格、流转顺畅的现代产权制度；2016 年 11 月 4 日中共中央、国务院发布《关于完善产权保护制度依法保护产权的意见》，标志着我国系统、复杂、深入的新一轮产权制度改革大幕正式拉开。在此历史阶段，产权理论的学习、创新和科学应用对深化产权制度改革极为重要，必将影响产权制度改革的科学性、合理性和可行性。

改革开放以来，随着西方经济学思潮的涌入，西方制度经济学产权理论同马克思的产权理论一道成为国内产权研究最重要的理论体系及分析范式。然而长期以来无论是学术探讨还是实践应用，两派可谓泾渭分明、矛盾重重。既有对西方制度经济学理论的非中立批判（曹钢，2002），也有对马克思在产权理论方面取得的成就的偏见、误解和无视（张泽一，2008）。任何理论都既有优势也有局限，关键在于科学应用，因此对比分析两套理论体系，明确它们的基本内涵、特征、适用对象、优缺点等要素，把握两者之间的区别和联系，有利于进一步指导新时代产权制度改革实践。

1. 对比分析的基础及维度

关于马克思是否有产权理论很早便存在争议（陈明秀，1996），目前学界的对比分析实际是以马克思所有制理论和制度经济学产权理论为对象而展开的。从一定意义上讲，马克思并没有专门的产权理论，而只是系统的所有制理论（马广奇，2001），但马克思关于所有制关系形成、变化、发展及其规律的论述实际上是非常全面和深刻的产权理论与制度变迁理论（吴宣恭，1999；马广奇，2001）。对于产权关系问题的论述，是贯穿马克思政治经济学始终的一条主线，吴易风（2007）对《马克思恩格斯全集》的检索也表明，马克思关于财产关系和产权的大量论述，事实上构建了马克思产权理论的大厦。也可以说，马克思的产权理论是以所有制及其法律表现“所有权”为中心展开的，把所有制的产生、发展和变迁放到生产力和生产关系、经济基础和上层建筑的矛盾运动中去考察，亦即放到历史发展规律中去考察（陈文泽，2005）。从概念内涵来看，“所有制”不是一个具体概念，而是一个描述关系的概念，即人们在生产过程中形成的经济关系，这种经济关系正是西方产权理论的研究对象（梁姝娜、金兆怀，2006）。马克思的产权理论以论述土地产权为主，分散于《资本论》《剩余价值理论》《政治经济学批判》等系列经典著作中，具体由土地产权制度及其变迁理论、权能理论、产权结合与分离理论、产权商品化及配置市场化理论等组成（洪名勇，1998）。

西方制度经济学产权理论是20世纪六七十年代兴起并逐步被人们认识和接受的，主要应用新古典方法研究产权安排、激励机制与经济行为之间的关系，重点探讨不同产权结构对资源配置的影响（于鸿君，1996）。继科斯之后，在德姆塞茨、阿尔钦、巴泽尔、诺思等学者带领下，该学说得以迅速发展，科斯等学术领军人物先后获得诺贝尔经济学奖，且在转型国家获得了极高的认可度。虽然不同的学者对于产权的定义不尽相同，但都体现出共同的特征，认为产权是一组经济和社会关系，界定了与资源使用有关的位置，是由占有、使用、收益等一系列具体权利组成的权利束，基于该定位发展出了产权理论及围绕产权界定和交易的交易费用理论、合约理论等丰富的理论体系（Furubotn and Richter，2010）。

从研究对象来看，两套理论体系也都以产权和制度为研究对象，因此寻找异同存在合理性（林岗、张宇，2000）。此外，二者都强调产权和制度在经济中的重要性，把产权结构和制度安排看作影响经济绩效的重要因素，把产权关系看作人与人之间的经济关系，把利益问题当作产权关系的核心问题，都研究了资本的所有权、土地的所有权、股份公司的所有权及所有权与支配权的分离等产权现象，都研究了商品所有权之间的等价交易的关系等内容（马广奇，2001），这些相似性也提供了对比分析的客观基础。

国内对于马克思的产权理论与西方制度经济学产权理论的对比分析早在1993年就已开展（李义平，1993），目前有文献50余篇。从比较对象来看，绝大部分文献对马克思的产权理论和西方制度经济学产权理论进行整体比较，也存在少量文献对马克思的产权理论和科斯（吴易风，2007）、巴泽尔（康晓强，2008）、诺思（刘和旺，2011；杨奇才，2017）等人的产权理论进行具体的比较分析。虽然文献不少，但存在重复论述、观点相同等问题，黄少安（1999a，1999b，1999c）、吴宣恭（1999）、林岗和张宇（2000）、马广奇（2001）、曹钢（2002）、吴易风（2007）、刘和旺（2011）等的研究内容构成了国内两者对比分析及融合的主要框架、观点及结论。在对比维度方面，主要包括目标及对象、研究方法、权利定位、理论主线、制度动因及评价标准等（见附表 B.1）。对比中，研究者采用的方法、态度对对比结果产生较大影响。

附表 B.1　理论对比分析的主要维度及结论

比较维度	马克思所有制理论	西方制度经济学产权理论
目标及对象	揭露资本主义的本质并阐明它发生、发展和灭亡的规律；重点研究根本产权制度	维护自由市场制度，提高经济效率；研究经济运行层次的具体产权
研究方法	辩证唯物主义、历史唯物主义、整体主义	新古典方法、个体主义
权利定位	经济产权、历史动态权利	法权、自然权利
理论主线	生产中心论	交易中心论
理论基础	历史唯物主义	交易费用
制度动因	生产力与生产关系、经济基础与上层建筑的矛盾	成本－收益分析
评价标准	是否促进生产力发展	经济效率、交易费用高低
适用范围	社会整体形态研究，社会主义根本产权制度研究	微观领域的经济产权分析
共同特征	研究对象都为制度、人与人的关系，都重视制度对经济效率的影响	

2. 理论目标的差异、研究层次和方法的互补

两套理论体系都以资本主义制度为客观对象，但目标有极大差别：西方制度经济学产权理论是为了维护完全自由的市场制度，借助产权去解决市场问题，提高经济效率；马克思的产权理论目的则在于揭露资本主义根本产权制度的剥削本质，阐明其发生、发展和灭亡的规律，说明其的不合理性，并为劳动人民建立社会主义公有制、实现生产力和人的发展指明道路（吴宣恭，1999；马广奇，2001）。此外，马克思主义的中国实践及完善的主要目的在于除旧立新，完善社会主义经济制度，促进生产力发展和实现人民共同富裕（吴宣恭，1999）。相较而言，马克思的产权理论的对立立场较为鲜明。在研究层次方面，马克思的产权理论重点研究根本产权制度，探索社会经济发展规律，而西方制度经济学产权理论的研究对象则是经济运行层次的具体产权，核心是考察经济活动中的损益关系及其影响，探索如何更好实现交易、降低交易费用，以提高资源配置效率（吴宣恭，1999）。在宏观和微观不同层次，两套理论体系对资本主义的产权制度的研究恰好形成了极强的互补性。

很多学者将两套理论体系的区别定性为个体主义与整体主义的差异（马广奇，2001；林岗、张宇，2000），此种做法虽然能概括方法论大意，但忽略了层次性，难以发现二者的共有特征。黄少安（1999a，1999b，1999c）从哲学、思想和技术三个层次系统论述了两种流派方法论上的差别。①哲学层次。马克思经济学的基本方法论是辩证唯物主义和历史唯物主义，是在对黑格尔和费尔巴哈辩证法和唯物主义批判性研究基础上创立的，强调唯物主义必须建立在对社会本身及其内部矛盾的解剖、理解的基础之上；现代西方产权经济学方法论的哲学基础仍然是个人主义、功利主义和自由主义，三者是内在联系、三位一体的，也就是自由地追求个人功利。②思想层次。两者虽然有很大区别，但也体现出了一定的相似性，西方产权经济学方法论与正统经济学逻辑实证主义相近，以证伪主义为主，也有证实主义和历史主义，这也是其为主流经济学所接受的重要原因；虽然讨论马克思经济学的方法论时很少使用科学哲学的语言，但受辩证唯物主义和历史唯物主义科学哲学观的影响，其研究方法也体现出逻辑实证主

义和历史主义的特色。③技术层次。在构建理论体系的方法及技术性方法方面，马克思将辩证唯物主义基本方法论具体化为归纳与演绎的统一、分析与综合的统一、抽象与具体的统一、逻辑与历史的统一、实证与规范的统一，此外也体现出动态与静态分析的结合。马克思并未严格区分宏观和微观，但仍然包含这两部分，由于主要探索资本主义制度的历史演变规律，其更多具有宏观性，并没有一套严格的分析方法去分析微观主体的特征。在证伪主义影响下，西方产权经济学主要遵循演绎主义的方法论，理论体系也表现为一个可证伪的逻辑演绎体系。其还体现出动态与静态的结合、注重分析而很少应用综合方法、注重抽象到具体用理论解释而不注重现实到具体的抽象、不体现逻辑与历史的统一等重要特征。虽然强调实证，但对私有制的偏爱也体现出其理论体系中的价值偏好。此外，西方产权经济学理论只有微观分析方法，立足于个体行为的分析来解释制度的稳定与变迁、制度与经济绩效的关系，这点与马克思不同，因为这一方法的运用使对制度的均衡与非均衡、稳定与变迁、制度比较的解释立足于利益关系的基础上。

黄少安（1999a，1999b，1999c）并未进行任何的价值判断，客观指出两者既有相似之处也有不同点，总体上马克思经济学的方法要更丰富一些。但方法对比中也总是存在优劣的判断，吴宣恭（1999）批判性指出西方产权经济学颠倒社会存在与社会意识的关系，忽视生产力的根本性决定意义，夸大国家、意识形态对产权的影响，强调法律手段而忽视经济关系，不区分根本产权制度与具体产权制度的区别，尤其是回避阶级差别和对立对权力、利益分配的影响，使其堕入历史唯心主义的泥沼。客观来看，两套理论体系的方法论难用优劣来判别，虽然马克思产权理论的方法论更为系统和充分，但在研究微观的经济问题时适用性不是很高，而这也正是西方制度经济学产权理论的方法论的优势所在。这种适用性、差异性对于全面认识制度而言形成了一定的互补关系，具体应用还需结合研究对象及内容的特征来选择合适的研究方法。

3. 逻辑主线不同导致的理论体系差异

3.1　以生产、交易为主线的分析造成理论体系存在极大差异

理论目标的差异使得理论体系关注重心不同及逻辑主线有极大区别。

个体主义的分析方法下，西方经济学是“交易中心论”，主要关注流通领域，交易为基础和主线，将所有的经济过程泛化为交易过程，并从人们的交易活动出发，研究经济活动表现出的人们之间的权利和利益的交换关系。产权关系是理性个体为实现利益最大化而建立的契约关系，不同的产权结构产生不同的交易费用及不同的经济效率（马广奇，2001；林岗、张宇，2000）。在流通领域，马克思关于权利的法学思想和制度经济学的产权理论没什么根本的不同，但是马克思并不把眼光仅仅停留在流通领域，他更看重在生产领域发生的事情（杨戈、杨寄荣，2009）。其理论体系是“生产中心论”，所有制或产权问题首先是一个生产关系概念，生产也是理论体系的逻辑主线。从马克思对所有制关系的分析看，作为生产概念的所有制关系本质是直接生产过程中发生的生产关系，是一个客观的经济过程，其中分配和交换不可割裂，是互相联系的；物质资料的生产是人类生存发展的基础，且必须将生产资料与劳动者结合起来，这种结合的社会形式就构成了所有制关系或财产关系；将产权归结为生产力与生产关系矛盾运动的结果，生产力水平的提高引起生产资料所有制关系的变化，而生产资料所有制关系的演变则具体化为产权形式的差异和演变（马广奇，2001；林岗、张宇，2000）。理论逻辑主线的差异，又导致方法论、权利概念、绩效标准及产权的起源与变迁等具体理论上的重大差异。西方制度经济学产权理论未将社会分配过程纳入其研究的范围，其对经济的抽象较为简洁、易于分析且结果可证伪，也因此对社会经济的认识总是以效率为准，而对社会公平等问题考虑不足，甚至直接忽略。

3.2 权利观：以历史权利和自然权利为主要差异

对比研究对两套理论体系权利的定位、认知及概念的差异的比较较为系统，从经济权利与法权、历史权利与自然权利等维度来进行考察。

（1）并不存在法权关系与经济关系的本质差异

一般认为，马克思的产权理论研究的是经济意义上的产权，具体是研究对人们的经济和社会地位具有决定意义的生产资料所有权，强调一定社会占统治地位的经济关系总和或经济基础对上层建筑、所有制关系对法理关系的决定作用，研究中很少涉及经济关系的法律形式。西方制度经济学产权理论则主要研究法律意义上的产权，认为产权是由法律规定和实施的对财产的排他性占有，是法律创造和决定了产权，法权关系决定经济关系，强调产权的法律界定对经济效率、资源配置等的决定作用，它的产权属于法学产权范畴（马广奇，2001；林岗、张宇，2000；胡立法，2009）。然而这种认知并不完全准确，虽然西方制度经济学的产权分析起源于美国并基于普通法的术语（Furubotn and Richter，2010），但权利的研究对象极为丰富，包括绝对的法权、相对的合约关系、社会规则、习俗等。其本质上也是在研究经济中的各种权利关系，探索何种形式的制度安排更有效率，何种形式的制度安排与相应的经济关系更加契合，法权只是其出发点和落脚点之一。马克思的产权理论则在对经济产权的宏观考察基础上，探讨何种形式的制度安排更适合生产力和人的发展。从这个角度出发，两者并无本质区别，更多是宏观和微观的差异。

（2）自然权利与历史权利的认识差异

大部分西方制度经济学家将产权与人权并列或归于人权而当作某种先验的超历史的自然权利，在这种认识下将资本主义社会形成的自发秩序当作人类社会永恒不变的自然规律，把私有制看作人类利己本性的外在表现，并运用交易费用、自由契约、个人选择、成本-收益等概念来分析资本主义、封建主义等所有社会形态下的产权状况（林岗、张宇，2000）。虽然诺思、巴泽尔等人对产权的形成研究已然具有一定的历史动态观（康晓强，2008），对诸如技术发展、文化演变对产权界定的动态影响等进行了考察，但依然将其落脚于相对价格的变化，在方法上最终还是放弃历史观。与此不同，马克思认为人类社会是一个自然的历史的发展过程，制度现象也是一种历史现象，任何制度都是特殊历史阶段中特殊社会结构的产物，没有永恒完美的制度，也没有永恒不变的公平与正义（林岗、张宇，2000）。产权结构的演变是随着生产力水平的变化而变化的，任何制度都曾推动了生产力的发展和文明的进步，但最终也要随着生产力的发展而退出历史舞台（马广奇，2001；林岗、张宇，2000）。

马克思的权利史观虽然带有一定的价值取向，但并未否认其他制度的历史贡献，在这种观念下对制度的考察非常系统且逻辑连贯。而西方制度经济学的权利观，最初便带有一定的价值判断，也因此使得西方制度经济学产权理论体现出较为狭隘的一面，束缚了其自身的发展。

3.3 产权起源的认识差异

马克思的产权理论和西方制度经济学产权理论对产权起源的研究存在较大差别。西方制度经济学产权理论把产权结构和资源配置效率结合起来，在新古典经济学的框架中研究产权起源，认为私有产权是最有效率的产权安排。西方制度经济学家认为产权的起源解决了主体之间资源权利界定、维护和行使的问题，降低了交易成本，私有产权是最有效率也是最主要的产权形态（于鸿君，1996）。虽然巴泽尔等学者对共有产权也进行了大量研究，但诺思、张五常等大部分学者偏好私有产权，对公有产权并未予以正视。马克思的产权起源学说的最大特征在于，在人类社会发展的大历史框架下，探索各种类型产权的起源及演变。马克思首先分析了公有产权，并认为公有产权才是自然形成的最初的人类社会产权关系，私有产权是阶段性的历史产物，是原始形态的公有产权演变的必然结果（于鸿君，1996）。正如马克思所言“生产力的发展使这些形式解体，而它们的解体本身又是人类生产力的某种发展”（马克思、恩格斯，1979）。

3.4 制度动因及绩效观：生产力与生产关系的矛盾与成本–收益的变化

马克思的产权理论中制度变迁不以人的意志为转移，根源在于生产力和生产关系的矛盾变化。当生产力的发展受到制度约束时，就需要破除旧制度，建立符合生产力发展的新制度，进而引起社会生产关系的变革。生产力发展水平主要体现为科技和生产的社会化程度，成为制度形成和演变最基本、最主要的客观条件（吴宣恭，1999）。西方制度经济学对制度变迁的动因分析非常丰富，相对价格的变化、技术进步、其他制度安排的变迁、市场规模、偏好变化和偶然事件等都可导致制度变迁（袁庆明，2014）。学者认为西方制度经济学产权学派将制度变迁的动力归结于制度的收益及效率（吴宣恭，1999；吴振球、尹德洪，2007），这种看法本末倒置，将制度经济学使用的成本–收益分析方法及判定标准错误地当作其制度动因来予以批评。两套理论都特别强调技术发展对制度变迁的影响，马克思还特别关注社会化程度，应用矛盾分析法将其抽象为生产力与生产关系的矛盾进行判断，制度经济学产权理论研究则极为分散和细致，以成本–收益作为判定的方法。前者高度抽象概括，抓住了根本性产权制度变迁的主要矛盾，后者则适用于各种类型产权制度变迁的解释。

虽然两者对制度变迁动因的认识有相似点，但对制度绩效的评判采用不同的标准。马克思对所有制理论的绩效研究主要定位于对社会整体发展规律的揭示上，生产力是构成社会基本矛盾的主要方面，也是衡量生产关系及其经济绩效的根本依据，制度绩效取决于其对生产力的适应状态，制度有可能成为促进生产力进步的发展形式，也有可能成为生产力的桎梏。这种产权制度的绩效观，是完全定位在大的社会历史阶段划分及其进步水平认定上的，属于社会整体状态的绩效观，符合历史发展的客观规律，但是这种高度抽象的绩效观较为宏观，对处在一定历史阶段内较为具体的各种产权制度的绩效认定难以把握（曹钢，2002）。西方产权经济学则与其定位于微观领域研究相统一，绩效评判注重可操作性；判定一种产权结构是否有效率，关键看它能否为它支配下的人们提供比外部性更大的内在刺激（张泽一，2008）。基于成本 - 收益分析的经济效率直接作为衡量标准，形成产权到效率的作用流程，使产权制度安排优劣及利用水平具有了可比性，使得本来抽象的产权概念，成为非常丰富的追求效率提高的理论体系（曹钢，2002）。

总体来看，两者对制度变迁动因的解释较为相似，虽然绩效标准差别极大，但各有贡献。可以说马克思的绩效观是西方产权经济学研究必不可少的前提，而西方产权经济学关于微观绩效的认定和研究则能很好地解决马克思遗留的问题。

4. 理论融合的基础及路径

虽然对比分析中学者的态度存在差异，也出现了以立场否定一切、采取抽象对立等方式进行批判的情况（曹钢，2002），但总体态度较为中立，能客观看待两种理论体系的异同、优点和缺点，也有主张将二者融合或综合应用以为社会主义市场经济制度建设服务的（马广奇，2001；卢新波、金雪军，2001；李杰，2001；陈福娣，2008；李依宸，2009；张小敏，2015；方竹兰，2005）。

研究对象的相似性和方法的互补性构成了融合的基础。虽然二者在理论目标、研究方法、理论重心等方面存在极大差异，但二者都以制度为研究对象，归根结底是研究人与人关系的；虽然对效率的考核标准不同，但也都是为了找到更有效率的制度安排，在各自适应的领域可以发挥积极的作用（卢新波、金雪军，2001）。这些相似性提供了进一步融合的可能。任何研究对象都具有多面性，对于同一对象从多种视角进行研究，并对结论进行充分的比较和融合才能形成客观、科学、合理的结论，这也是理论融合的必要性之所在。

虽然科斯等早期制度经济学家的理论同马克思的产权理论有极大的差异，但后期诺思等人的研究在一定程度上受到马克思的影响，在制度分析的方法层面形成了一定的互补性和融合的趋势（黄少安，1999a，1999b，1999c；方竹兰，2005）。诺思借助制度结构、交易费用、产权、国家或意识形态、个体选择等中介范畴对马克思的分析框架展开阐释，他的整个分析框架皆可以置于马克思的分析框架之下，构成马克思分析方法的微观基础。因此只有将马克思分析方法与诺思的方法结合，才能真正形成有效的制度分析方法。这种互补性及融合趋势，也为进一步融合创新中国特色产权分析理论提供了基础。

方法论层面的有机整合是融合的重点。就转轨时期的制度分析而言，理论整合的方法论基础是急需探讨的问题之一（刘和旺，2011）。两套理论产生于不同的时代背景和意识形态下，马克思辩证的、整体的、历史的方法论极具优势，但也必须看到其在微观领域具体产权问题研究方面的不足；而西方制度经济学则刚好相反，其分析方法虽然在把握人类社会发展的客观历史规律、趋势方面几乎无能为力，但在研究市场经济中具体产权问题方面操作性较强。两种分析范式都适用于制度及人与人关系的分析，在研究层次方面事实上形成了很好的互补关系。方法整合不应是机械的套用，而是要吸收两套理论的精华，要基于对象的相似性、方法论的互补性，坚持具体问题具体分析的马克思主义思想精髓，对实际问题进行深入剖析，划分出问题的层次和重点，针对不同层次和类型问题，科学选择理论来指导制度的设计和改造，而不应以意识形态为标准，摒弃适合问题本身的理论方法。此外，马克思的产权理论要具有强大的生命力，就要借鉴其他理论的分析工具、分析视角进行创新，这样才能在更广阔的范围内被接受，也才能发挥更大的价值（董君，2010）。

产权理论研究与产权改革必须以马克思的产权理论为指导，坚持社会主义方向，同时要大胆吸收和借鉴现代西方产权理论中的合理成分，并在实践中进一步丰富和发展马克思的产权理论（王文华、陈文，2007）。人与人的关系包含合作的一面和冲突的一面，马克思在宏观层次上强调矛盾的不可调和性，并主张用阶级斗争和革命的方式来解决冲突；制度经济学则强调矛盾的可调和性，并寄希望于合作和市场机制来解决冲突（卢新波、金雪军，2001）。这种差别要求理论方法的选择必须谨慎，合理吸收西方产权经济学优秀成果，但总体上必须将马克思主义理论作为根本，尤其是对于涉及社会主义国家根本性制度问题的分析必须以马克思主义为指导，坚持社会主义公有制（马广奇，2001）。具体而言，坚持马克思制度分析的基本框架，借鉴诺思等学者制度分析方法中的可操作中介范畴（如产权、交易费用、政治制度等），以打造宏观制度分析的微观基础，揭示政治与经济互动的过程、作用机制及其一般规律，这是一个较为可行的探索路径（刘和旺，2011）。但其中对于生产力、生产关系与交易费用、制度结构等范畴之间路径的搭建是非常艰巨的。

5. 简评与展望

总体而言，虽然国内对两套理论体系的对比分析已有二十多年，但客观、系统、深入的对比分析并不充分，目前仍停留在方法论、理论体系、总体认识等宏观层面，针对具体问题的看法和差异的分析有待进一步深化，对于理论融合方面的探索则仍然缺乏。无论是马克思的产权理论还是西方制度经济学产权理论，在各自领域内的研究文献都比较多，相较而言对两者的对比分析及融合研究较少，这种反差的形成固然跟理论体系的差异有关，但其他因素也很重要。一方面，长期以来国内外的意识形态对立使得学术背景及立场不同的学者很难以开放的态度看待另一套理论体系。另一方面，现有研究更关注两者的重大区别，而对其相似性、相同点的分析和挖掘极少，这也进一步加剧了理论体系之间的隔阂。此外，改革实践中对指导理论的应用方式并不完善，国企改制、土地制度改革等问题都需要从不同角度、不同层次进行全面、充分论证，而单一理论体系的不足必将暴露，这种实践层面的不足极大地阻碍了理论创新和突破。

虽然人类对产权思想和理论的探索已有上千年的历史，但已有的产权理论离完善尚远，没有一套理论体系能完美解释不同层次和领域的产权问题。理论方法的选择和应用对于产权制度改革的成败而言至关重要，不同研究目的、不同方法论得到的研究结论必然有所不同，必须以现实问题和实践探索为根本，灵活科学地选择理论方法，既不能在意识形态作用下完全摒弃西方理论的优点，也不能完全照搬西方市场经济建设的经验而放弃根本性立场；既要认识到马克思主义对社会主义国家建设的根本性指导意义，也要正视其对市场经济建设具体问题缺乏深入分析，而后者正是西方制度经济学理论之所长。对于理论的应用，需充分了解两者的优缺点、适用范围及边界，以问题为导向进行合理的、科学的选择和应用。

产权制度的深化改革既提出了问题和困难，也提供了理论发展的重大机遇。《中共中央 国务院关于完善产权保护制度依法保护产权的意见》中，关于农村集体资产制度的改革、建设用地使用权续期制度的建设等，既涉及所有制等根本性问题的分析，也涉及如何提高市场效率等微观领域具体问题的分析。此类制度建设问题极为复杂，很难通过某一种理论来回答不同方面、不同层次的问题，实践中需以党中央、国务院的根本要求和原则为底线，灵活科学地选择合适的理论来指导改革，在充分发挥马克思整体视域优势的基础上，结合制度经济学产权理论微观解释方面的优势，以问题为主线，探索理论融合的可能性、路径和方法，促进产权制度建设、经济社会发展，丰富我国社会主义产权制度建设的理论体系。

参考文献

白云朴、惠宁，2013，《马克思经济学与新制度经济学产权理论的比较》，《经济纵横》第1期。

曹钢，2002，《产权理论历史发展、两种研究定位及对〈产权分析的两种范式〉之质疑》，《中国社会科学院研究生院学报》第1期。

陈福娣，2008，《马克思产权理论与西方现代产权理论比较分析》，硕士学位论文，贵州师范大学。

陈明秀，1996，《马克思产权理论和现代西方产权理论比较研究》，《经济问题探索》第6期。

陈文泽，2005，《马克思的产权理论与西方产权理论之比较》，《中共成都市委党校学报》（哲学社会科学）第3期。

董君，2010，《马克思产权理论的国内研究综述——兼与现代西方产权理论的比较》，《内蒙古财经学院学报》第3期。

方竹兰，2005，《论诺思方法与马克思方法的互补性——思考中国转轨阶段的制度分析方法》，《学术月刊》第3期。

洪名勇，1998，《论马克思的土地产权理论》，《经济学家》第1期。

胡立法，2009，《产权理论：马克思与科斯的比较中需要厘清的几个问题》，《毛泽东邓小平理论研究》第 2 期。

黄少安，1999a，《马克思经济学与现代西方产权经济学理论体系的比较》，《经济评论》第 4 期。

黄少安，1999b，《马克思主义经济学与现代西方产权经济学的方法论比较》，《教学与研究》第 6 期。

黄少安，1999c，《马克思主义经济学与现代西方产权经济学的方法论比较（续）》，《教学与研究》第 7 期。

康晓强，2008，《产权理论：马克思和巴泽尔的比较》，《2008 年度上海市社会科学界第六届学术年会文集》（马克思主义研究学科卷）。

李杰，2001，《试论马克思的产权理论与现代西方产权理论的主要分歧》，《四川大学学报》（哲学社会科学版）第 5 期。

李依宸，2009，《马克思产权理论与新制度经济学产权理论比较研究》，《法制与社会》第 26 期。

李义平，1993，《马克思的所有制理论与西方产权学派理论的比较研究》，《学术月刊》第 3 期。

梁姝娜、金兆怀，2006，《论所有制范式的产权理论——马克思主义产权理论研究》，《经济纵横》第 4 期。

林岗、张宇，2000，《产权分析的两种范式》，《中国社会科学》第 1 期。

刘和旺，2011，《马克思与诺思制度分析方法之比较——兼论宏观制度分析的微观基础》，《学习与实践》第 3 期。

卢新波、金雪军，2001，《马克思制度经济学与新制度经济学的比较：继承与融合》，《经济学动态》第 12 期。

马广奇，2001，《马克思的产权理论与西方现代产权理论的比较分析》，《云南财贸学院学报》第 2 期。

马克思、恩格斯，1979，《马克思恩格斯全集》（第 46 卷）（上），中共中央马克思恩格斯列宁斯大林著作编译局译，人民出版社。

王文华、陈文，2007，《马克思产权理论与现代西方产权理论比较分析》，《理论月刊》第 6 期。

吴宣恭，1999，《马克思主义产权理论与西方现代产权理论比较》，《经济学动态》第 1 期。

吴易风，2007，《产权理论：马克思和科斯的比较》，《中国社会科学》第 2 期。

吴振球、尹德洪，2007，《马克思产权理论与西方产权理论比较——基于私有产权起源和产权制度演进动力视角》，《经济问题》第 11 期。

徐淑丹，2012，《马克思产权理论和现代西方产权理论的比较分析》，《改革与开放》

第 14 期。

杨戈、杨寄荣，2009，《马克思论资产阶级的法与权利——兼与新制度经济学产权理论的比较》，《当代经济研究》第 3 期。

杨奇才，2017，《马克思产权经济学的理论框架——基于“诺思评价”的逻辑》，《西华师范大学学报》（哲学社会科学版）第 3 期。

于鸿君，1996，《产权与产权的起源——马克思主义产权理论与西方产权理论比较研究》，《马克思主义研究》第 6 期。

袁庆明，2014，《新制度经济学教程（第 2 版）》，中国发展出版社。

张小敏，2015，《马克思和科斯产权思想的比较研究》，硕士学位论文，江南大学。

张泽一，2008，《马克思经济学与西方经济学产权理论比较研究》，《经济纵横》第 5 期。

Furubotn, Eirik G. and Richter, Rudolf. 2010. *Institutions and Economic Theory: The Contribution of the New Institutional Economics*, *2nd ed*. The University of Michigan Press.

后　记

本书研究问题、视角、方法、对象的选择，都源于我所从事并热爱的工作。

2011 年我参加工作不久，深圳市就轰轰烈烈开启了第二轮土地管理制度改革，各个方面的领导、各个领域的专家、各个部门的同志对经济特区土地管理制度改革历史的精彩回顾、对发展困境的深刻分析、对重大问题的精辟论述、对改革前景的深切展望，无不让我心灵震撼、备受鼓舞。在此过程中，制度、空间等术语深深刻入我的脑海，引领我步入政策研究的大门，也成为我十多年来工作的激情所在。

国有土地使用权续期制度是深圳市第二轮土地管理制度改革的一项重要内容。自 2012 年策划第一个续期制度研究课题开始，十多年来，我参与、主持了多项深圳市、国家部委委托的国有土地使用权续期研究课题，对续期制度的变迁过程、各地做法、国际经验、实践问题等进行了系统研究，对法学、土地管理学等不同领域专家、学者的观点进行了全面梳理。然而多年来，在国有土地使用权到期后的权利归属、是否有偿、费用标准、不予续期土地的处置及建筑物补偿等关键问题方面难以形成清晰的结论，法律规定与现实诉求之间存在较大差异，不同专业领域的学者难以达成有效共识，对于国有土地使用权续期问题的研究要么囿于法理逻辑难以自拔，要么受困于现实中的可操作性难以突破。在长期工作中，我观察到了土地产权制度改革面临的一些根本性问题，深刻体会到现实世界中产权关系的复杂多样。我开始尝试用不同的视角和方法回答国有土地使用权续期制度中的一些根本性问题。

经过多年的摸索，最终我选择将新制度经济学的合约理论、产权理论和心理所有权理论整合至统一的理论框架下探索土地产权关系的变化和国有土地使用权续期问题。一方面，受周其仁教授《改革的逻辑》（中信出版社，2013）一书的启发，我坚持要对真实世界中的产权关系进行详细的考察，并着手开始学习研究关于制度、产权、合约等方面的理论，尤其是重点梳理分析了马克思的产权理论和制度经济学产权理论相关的论述（见附录 B）；在博士学位论文写作之前，我也尝试着用合约理论分析深圳市历史上形成的企业代征地问题（见附录 A），认识到合约分析方法在处理复杂土地产权问题方面的强大力量。另一方面，我的导师李贵才教授引导我进入空间问题制度经济学分析的大门，赵燕菁、邹兵、焦永利、叶裕民、彭雪辉等学者对于存量规划理论的探索也给予我很多启发。此外，在国有土地使用权续期问题的研究中我发现存在很多认知差异，当我尝试理解这些差异时，刘世定老师关于认知权利的论述给我打开了另一扇大门，按图索骥，心理所有权理论便进入我的视野。探索过程中，理解真实世界并提出一些见解始终是我的初心和研究准则，因此我从未拘泥于某一理论、某一方法，而是围绕土地产权关系的演变和国有土地使用权续期制度建设中面临的诸多问题，将不同学科、不同领域的理论、观点进行整合。无论这种坚持和整合是否恰当、是否经得起考验，它们都带给我无尽的乐趣，极大地开阔了我的眼界、拓展了我的思维，也让我体会到了社会科学的迷人之处。

回顾整个过程，一切源于有幸参与深圳市土地管理制度改革实践。这项工作引领我进入制度研究的大门，给了我在求知的道路上持续探索的信心和勇气。在繁重的工作之余，花费数年时间学习、写作对我来说是一项巨大的挑战；在此过程中，师长、同事、朋友、家人给了我很多的帮助，值得铭记。

感谢我的导师李贵才教授！慕名、拜师、受业！恩师“不滞于物，草木竹石均可为剑”，于无声处教我如何做人、做事、做学问，使我受益终身！

感谢仝德老师！一次次详细批阅和热烈讨论，让我深刻体会到仝老师认真严谨的治学态度，也让我折服于仝老师的严密逻辑和学术底蕴！

感谢刘世定教授、刘青老师、康宇雄老师、岳隽博士、陶卓霖博士，本书研究视角的选择、理论体系的构建、疑难问题的处理皆得到你们无私的帮助和指导！感谢北京大学城市规划与设计学院的曾辉教授、杨家文教授、倪宏刚教授、王钧老师、龚岳老师和李莉老师以及北京大学城市与环境学院的冯长春教授、贺灿飞教授、吕斌教授、曹广忠教授在我学习过程中提供的指导和帮助！感谢晁恒、林雄斌、张践祚、龙茂乾、王砾、陈曦、段非、林俊强、吴磊等同学的帮助！

感谢深圳市规划和自然资源局、深圳市规划国土发展研究中心各位领导和同事多年来的帮助和指导！感谢罗罡辉博士，工作有你支持、学术有你指导，关键时刻的“棒喝”，让我迷途知返！感谢周劲总师提出的宝贵意见！感谢柳景国、刘芳、魏小武、伍灵晶和张泽宇在研究和写作过程中提供的帮助！

感谢国土自然资源部咨询研究中心王世元、贺冰清、孟祥舟、刘丽、李涛、周怀龙、陈思、刘炎、荣冬梅等领导和同事在国有土地使用权续期制度研究中提供的诸多帮助，与你们并肩作战的日子让我受益终身！

感谢刘一鸣博士在本书出版过程中的各项帮助，感谢社会科学文献出版社的编辑老师提出的修改建议及在文字校对、编辑方面的辛苦付出！

感谢家人的理解和支持！你们是我的支撑和寄托。愿父母安好，妻子幸福，尤愿女儿清扬清华，谨记生命在于奋斗，强健体魄、强大自我，勇往直前！

图书在版编目(CIP)数据

空间生产的合约机制与产业用地到期治理 / 刘成明著. -- 北京 : 社会科学文献出版社, 2023.9

(空间规划的合约分析丛书 / 李贵才, 刘世定主编)

ISBN 978 -7 -5228 -2257 -0

Ⅰ.①空… Ⅱ.①刘… Ⅲ.①城市空间 - 工业用地 - 城市规划 - 研究 Ⅳ.①TU984.13

中国国家版本馆 CIP 数据核字(2023)第 144683 号

空间规划的合约分析丛书

空间生产的合约机制与产业用地到期治理

丛书主编 / 李贵才 刘世定
著 者 / 刘成明

出 版 人 / 冀祥德
责任编辑 / 杨桂凤
文稿编辑 / 赵亚汝
责任印制 / 王京美

出 版 / 社会科学文献出版社 · 群学出版分社 (010) 59367002
地址: 北京市北三环中路甲 29 号院华龙大厦 邮编: 100029
网址: www. ssap. com. cn
发 行 / 社会科学文献出版社 (010) 59367028
印 装 / 三河市尚艺印装有限公司

规 格 / 开 本: 787mm × 1092mm 1/16
印 张: 15 字 数: 243 千字
版 次 / 2023 年 9 月第 1 版 2023 年 9 月第 1 次印刷
书 号 / ISBN 978 -7 -5228 -2257 -0
定 价 / 108.00 元

读者服务电话: 4008918866